小辛的旅行厨房

辛振行 著

中国纺织出版社
国家一级出版社
全国百佳图书出版单位

图书在版编目（CIP）数据

小辛的旅行厨房 / 辛振行著 .-- 北京 : 中国纺织出版社，2019.4

ISBN 978-7-5180-5577-7

Ⅰ . ①小… Ⅱ . ①辛… Ⅲ . ①菜谱 Ⅳ . ① TS972.12

中国版本图书馆 CIP 数据核字（2018）第 253559 号

责任编辑：韩　婧　　责任校对：寇晨晨

责任设计：卡古鸟　　责任印制：王艳丽

中国纺织出版社出版发行

地址：北京市朝阳区百子湾东里 A407 号楼　邮政编码：100124

销售电话：010—67004422　传真：010—87155801

http://www.c-textilep.com

E-mail:faxing@c-textilep.com

中国纺织出版社天猫旗舰店

官方微博 http://weibo.com/2119887771

北京华联印刷有限公司印刷　各地新华书店经销

2019 年 4 月第 1 版第 1 次印刷

开本：880×1230　1 / 16　印张：8

字数：116 千字　定价：49.80 元

推荐序 | PREFACE

黄橙子　凤凰卫视主持人、中华小姐环球大赛总冠军

主持节目《凤凰早班车》《凤凰午间特快》《全媒体大开讲》

每当心心念的美食摆在眼前，心无旁骛地咬下那第一口，所有关于“吃”的欲望会瞬间得到释放与满足，小辛的文字正戳中我记忆里无数个这样的时刻。小辛的书不是简单的食谱，而是一本有味道的世界美食地图——广东的砂锅粥，台湾的卤肉饭，美国的芝士吐司，希腊的酸奶，还有我作为一个武汉人第一次知道了“麦片热干面”这种新的吃法。小辛将周游世界的记忆融入食物中，又将这些世界文明的传统美食添上新的色彩，且每一个步骤都细致耐心，仿佛邻家暖男走进你的厨房手把手教授，光看文字已让食欲得到满足。

韩非　美食节目主持人

主持节目 CCTV2《回家吃饭》BTV《美食地图》《幸福厨房》
喜马拉雅自媒体：非吃不可

小辛发来干练的几十字邀请说，能否为自己新书写个推荐序。能感受到，他说话时那种暖、雅、安静的美男子形象。我说，可以。然后尽量控制自己不要写得太“八股”。

我迅速在脑海收集，我对小辛的印象。第一次见他是在我 CCTV2《回家吃饭》的节目，他是从 BTV 的《美食地图》开始认识我的。我抬头一看，一个清简、雅致，一切都没一丝累赘的男生在我面前。我猜想，他今天要制作的食物应当是很“阳春白雪”的西餐。谁料，却是一个以肉酱酿到蛋盅的菜。我的文化认知中，一旦有肉酱的地方无论东西方，历史上都是有迁徙和文化混杂的背景。

这本书其实就是小辛在世界各地，感受和容纳各种文化背景后，所呈现的他对食物和生活方式的认知。

行万里路，读万卷书，吃万千食物。这是太多人想拔腿就做的事，并不是每个人都能随时随地抽开身去做。但如果别人愿意把自己的经验用图文告诉你，又何尝不是一种“身未动，心已远”的生活方式呢？

喃猫　美食自媒体人、美食节目主持策划人

主持节目《喃猫料理日常》美食公众号［喃猫小厨房］

大概每一个爱吃爱做饭的人都有一个排首位的人生愿望清单，就是吃游世界。充满冒险精神的小辛已然实现了这个愿望，饶有趣味的是，他不是去打卡每个地方的米其林餐厅，而是探寻每一个地方的家常味道，还有味道背后的旅途故事。小辛的高明之处，在于他把这些味道和故事都融进了自己的烹饪世界里，因此看他的食谱，你能看到各地烹饪手法的影子，最后融合在了他自己“简单实在”的烹饪法里。

自序 | F O R E W O R D

你会选择用怎样的方式环游世界呢?

我至今仍能够清晰记得 19 岁的我飞抵澳大利亚时的紧张、兴奋、惶恐与肾上腺素的狂飙。因为获得了公派到西澳表演艺术学院（WAAPA）交换的机会，我第一次踏出国门，也第一次独立生活。所以你大概能想象的到一个囊中羞涩的少年第一次被置于全球食材语境下的“文化冲击”。移民国家的菜市场是最和平的“竞技场”。欧陆符号与土著食材融汇，古老的东亚传统与大洋洲的饮食风潮杂糅，而我也在这一餐一饭的流连之中完成了我的食物启蒙。

启蒙的另一半则是由无数个试图填饱肚子的厨房时刻完成的。背去澳洲的行囊里，我妈塞进了一块菜板、一把菜刀。现在想起这个场景，怎么都有点成人礼般的象征意味。钻进厨房的原动力一是嘴馋，二是没钱。偶然的几次厨艺冒险后发现，自己下厨不仅更美味（天啊！我真的不想再吃面包片夹火腿），而且兼有经济实惠的好处。从此，东奔西走的行李箱里，一定会有一把中式厨刀傍身。到后来辗转多个城市，或是实习，或是工作，或是游历，或是求学。钻进厨房，又钻进菜场。诚如《厨房里的哲学家》作者布里亚·萨瓦兰所说，“吃什么你就是什么”。

我与这世界的角角落落相遇，顺带着，咬一口这世界。

规划旅行目的地时，我常有两条主线，一条文化的，一条食物的。而作为当地文化的生动展示，美食又最能反映历史发展的轨迹和种族迁徙的痕迹。也因此，寻幽僻访名胜和大啖市井之味并驾齐驱，享视听之娱和饱口腹之欲共长天一色。眉眼翻飞、手起筷落，将一座原本陌生的城市幻化作食物的记忆，一口一口藏在肚底。

我们这一代有更多离开家乡、悠游四方、定居他处的选择机会。“生活在别处”不仅是现代人生活方式的客观描述，也是自由心境的一种注脚。我承认从学生身份变化为上班族后的确失却了说走就走的自由或勇气，但这毕竟是成长的一部分。我关切的，是在并没有那么自由的制式生活下，如何拥有自由的生活？

食物，或许提供了一个答案。

闹钟都闹不醒的清晨，飘着温暖黄油香的法式软吐司却可以把你轻松唤醒；推开不知何处来的油腻外卖，挖一大勺自己做的厚切牛肉浇汁饭，享受旁人艳羡的目光；难得的周末，呼朋引伴，做几道上得了台面的宴客大菜；蜷在沙发里看剧的时候，吃自己做的黑椒脆薯片或者很有嚼劲的干烤杂菇，都是很有满足感的事。

而我又常有白日梦式的厨房环游幻想。喝一杯咖啡，您想要意式、美式或是越南式？吃一碗饭，是有奶香的英式大米布丁，还是有焦脆锅巴的广式煲仔饭？或者干脆，做一大锅染了藏红花金灿灿好看颜色的西班牙海鲜饭和朋友们分享？朴素而寻常的食材，若你赋予它们环游世界的想象，哪怕身处陋室、厨房只容一人转身进出，也能在餐桌上演绎一场一日千里的世界巡游。

夏天的时候，我遇到了雯心。我们有共同的星座，很多方面也都相像。只不过她原本不怎么会做饭，在我的带动下，她选择了一条差异化竞争的路线，开始做我不常做的甜品。我自然拥有男朋友应有的理解能力和配合程度，每次都用火速消灭和赞不绝口来鼓励她下一次的创作。写到这，我想谢谢她对我的照顾，还想问她一句，往后余生，你愿意和我一起咬一口世界吗？

最后，谢谢为本书成功出版付出辛苦的朋友们。还要感谢香港凤凰卫视的黄橙子老师、央视的韩非老师、广院的喃猫师姐倾情为本书作序。

也期待你们和我一起，开启一次餐桌上的世界冒险。

辛振行

2018 年 12 月 22 日夜于杭州

目录 | CONTENTS

I

元气早午餐

用美味唤醒全世界

II

主食即王道

碳水化合物的最原始力量

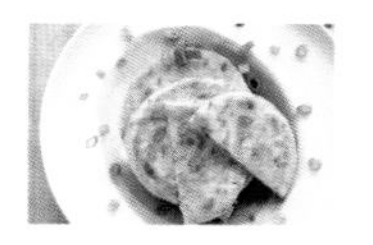

III

凉菜 & 沙拉 & 小食

给生活加点料

Ⅳ

私房菜也家常

最是寻常好时光

Ⅴ

呼朋引伴宴客菜

大小聚会教科书

VI

下午茶时间

身未动，心已远

I
元气早午餐
用美味唤醒全世界

法式吐司

材料

吐司面包　鸡蛋
奶粉　干酪粉

吃用黄油新鲜烘好的法式吐司像谈一场幸福而臃肿的恋爱。最初朦胧的陌生感褪却，热恋期你侬我侬的腔调消散，尚未抵达两性的矛盾临界点，彼此都对关系有安全感和信心，以为就要这么一直幸福下去了——这时是最容易变胖的。法式吐司（French Toast）把最好吃的食材都组合到了一起。面包片、蛋、黄油、牛奶、糖，是不能更基础的食材，但这恰是经典美食的魅惑之处：成品远比表象好吃。香港茶餐厅必有的“厚多士”就是法式吐司。不过为了追求“厚”的口感，店家会自己切面包片。裹上蛋液，在热油中炸熟，淋上蜂蜜，再加一小块黄油。黄油颤颤巍巍在金黄色的表皮上融化。也有用两片正常厚度的吐司面包，中间涂上一层花生酱，再裹蛋液入油锅炸的。落地美国的第一餐，吃的就是法式吐司。软嫩的法式吐司被切成三角形状，淋上枫糖浆、草莓酱，撒糖粉，放香蕉片，再来一大朵鲜奶油。那一夜，我带着负罪感入睡。

步骤

1. 制作法式吐司，蛋液是关键。太稀了吐司不成型，太稠了又不能完美裹住吐司（图 1）。
2. 将 3 勺奶粉和 1 个鸡蛋混合，调入适量的水。怎样算适量呢？就是用勺子舀起蛋液时有粘稠感，滴落的时候会在蛋液表面砸出小坑，这样的浓稠度就可以了（图 2）。

3. 英国电视名厨杰米·奥利弗在加黄油的时候常说“a big knob of butter（1大块黄油）”，听起来就让人觉得美味。开最小的火，在平底锅中放上1大块黄油，让它慢慢融化（图3）。
4. 黄油对火力很敏感，刚从冰箱里拿出的黄油外热内冷，火力太大的话，很容易出现部分黄油变焦、部分黄油还没融化的情况。如果发现锅四周的黄油在快速冒泡，并且颜色加深，眼看着就要变焦了，解决办法是马上将锅端离灶台，摇晃一下，让黄油完全融化至流满锅底。
5. 全部融化的黄油，不断加热，会得到“榛子黄油”。并不是说会有榛子的味道，而是会有榛子般漂亮的深棕色。但这时的火力也需要精心控制，稍微过火一点，就只能得到“焦炭黄油”了。
6. 在融化黄油的时候，将1片吐司片浸在蛋液里，两面都蘸满蛋液后就可以拿出，泡得太久的话吐司会变得过湿，口感不佳（图4）。
7. 将浸满蛋液的吐司放进锅煎，保持小火，当用筷子可以轻易拨动吐司（说明底层已经煎好）时，将吐司翻面，直到金黄（图5，图6）。
8. 原本白味的吐司经这么一折腾，柔软带着蛋香奶香，芯是软嫩的，外皮还有点黄油炸香的脆。可以就这么吃，也可以再趁热撒一层干酪粉。周末的早上，烘一片法式吐司，黄油的香味绕着家里的角角落落，大概是最温暖柔情的空气清新剂吧。

1 | 2 | 3
4 | 5 | 6

海鲜砂锅粥

在广东生活过的人一定有深夜点一窝砂锅粥暖胃的经历。相较于烧烤、火锅、麻辣小龙虾这类重口味夜宵，一大锅端到桌上还咕嘟咕嘟冒着泡的砂锅粥就显得很安耽而养生了。在中国香港上学时我最喜欢的一家酒吧是湾仔的“湾仔”“Wanch”，“Wanch”是的英文简写。那是香港最早有现场音乐的一家小酒吧。窄窄的一层空间，拢共容不下二十几个人。吧台用冰凉的黄铜包裹，天花板上倒垂着一把巨大的红色日本伞。我与朋友在湾仔看国庆焰火，几杯酒下肚，坐港铁回家前，钻进地铁口对面的潮汕粥店。艇仔粥、及第粥，端上来的时候风平浪静，舀一勺入口烫的收紧眉头。米已经被煮开花，变成了浓稠的米浆，锁住十足的热力，把新鲜的食材烫到恰熟。距离香港中文大学一站地铁的火炭附近有一家深夜大排档“德记”，也是我和同学下课后常去喝粥的地方。他家的特色是鸡粥。煮好的米汤，放进新鲜斩件的黄油鸡进去煮，鸡味香浓，每个人都能喝下两大碗。与北方常见的大米白粥不太一样，砂锅粥一定要煮的米粒开花、米浆四溢才好喝。晚上临睡前煮好一煲基础版砂锅粥，第二天清早，随自已喜欢，放切薄片的牛肉、猪肝、肉丸、虾、贝类进去烫熟，朴素的砂锅白粥瞬间幻化出无数种美味可能。喝的时候别忘了撒一撮儿葱花。

材料　大米　银鱼干　小虾干　虾米　阿根廷红虾　葱花

步骤

1. 将大米浸泡一夜后沥干（图 1）。虽然有人说用南方籼米煲砂锅粥才正宗，但我却更喜欢用东北大米。一来我是吉林人，东北米是从小的味道；二来东北大米一年一熟，支链淀粉含量高，无论是煮饭还是做粥，都油亮泛香。
2. 在砂锅底放一点油，将清洗过的银鱼干、小虾干、虾米放入砂锅炒香（图 2）。老式砂锅娇气，干烧易碎，我用的是可以直火干烧也不会开裂的新式砂锅，更推荐这种。
3. 将沥干的米放入砂锅翻炒，直到米粒变干变白（图 3）。
4. 往砂锅中加入烧滚的开水，保持大火沸腾的状态。因为已经把米浸泡了一夜，这时的米粒很容易煮熟开花。等到锅中的米汤逐渐变稠，调成小火，盖上盖子慢慢煮（图 4）。
5. 有些潮汕砂锅粥店为了让米粒快速开花，会在大锅里放一把陶瓷勺，勺子随着热浪上下翻滚，把米粒打碎。另一种可以让米粒快速开花的方法是将泡好的米冷冻，水分膨胀，米粒内部的结构被涨开，很容易出米花。不过我觉得这两种做法虽然讨巧，煮出的味道总是不如勤勤恳恳的老方法美味。
6. 等到砂锅粥的表面开始出现垂直的孔洞并不断吐泡泡，粥底就算做好了（图 5）。将阿根廷红虾放入粥中，盖上盖子，关火闷 10 分钟，撒上葱花即可享用（图 6）。

1 2 3
4 5 6

牛油果三明治

有一次家宴，我用熟透的牛油果给朋友做了一份牛油果三明治，之后她就经常吵着让我无限重做。牛油果本身味道不明显，倒是它的质地特点突出。像黄油，又像油膏，调味得当的话，在口中慢慢化开，自有奇妙的乐趣。用牛油果制成酱，可以抹在三明治上，也可以用玉米脆片蘸着吃。保留一点大大小小的碎块口感更棒。

吐司面包　牛油果　鸡蛋　香肠　盐　黑胡椒碎

步骤

1. 将牛油果对半切开，挖出果肉，加 1 小勺盐后放入碗中捣碎，可以保留一些稍大的颗粒，口感更好（图 1，图 2）。
2. 将牛油果酱抹在吐司面包上，撒一些黑胡椒碎，吐司面包用平底锅烤到金黄变脆（图 3）。
3. 香肠切成薄片，用油煎香，鸡蛋煎到流心（图 4）。
4. 把香肠铺在牛油果酱上，放上流心蛋（图 5，图 6）。
5. 放上另一半吐司面包，对半切开即可。

烤奶酪三明治

美国克利夫兰，夜里九点，蜷在半地下室影音厅看食物频道（Food Channel），凉意一阵阵袭来。我裹着毛毯，脚搭在前面的凳子上，坐着的躺椅可以前后摇晃。橘猫在黑夜中亮起眼睛对我喵几声，就跑去外面撒野。方圆几里早早的进入黑漆宁静的乡村氛围，只留我一个人对着美食节目流口水。有一档节目，光头粗颈的主持人驾着车沿公路寻找美式好店。而所谓的“美式”，一定是大量卡路里的堆积。有一期的主角是烤奶酪三明治。浸了黄油的巨大面包片放在铁板上加热，又豪迈地放上小山一样的切达（Cheddar）奶酪。几片这样的面包叠叠相加，就成了一份烤奶酪三明治巨无霸。正在瘦身计划中的人听到这样的食物组合怕是已经晕厥过去几次。我的版本相比较之下就清淡得多，但也同样是醉人美味。

材料

吐司面包　奶酪片

马苏里拉奶酪　黄油

步骤

1. 将黄油在室温下放至软化，涂抹在 2 片吐司面包的一侧（图 1）。
2. 涂抹了黄油的那一面朝下，在吐司面包上一层一层码上奶酪片和马苏里拉奶酪（图 2）。如果你是十足的奶酪爱好者，我建议你用 1 片切达奶酪加 2 片马苏里拉奶酪的组合。切达奶酪奶香味重、滋味十足，马苏里拉奶酪则会带来拉丝的口感。当然，为了方便，也可以只用奶酪片来做夹心。
3. 将涂了黄油的那一面放入平底锅，不用额外加黄油（图 3）。
4. 将另一片吐司盖在上面，涂抹了黄油的那一片朝上。稍微用手压实（图 4）。
5. 小火烘烤，随着热力的不断升腾，中间的奶酪夹心被加热融化，将两片面包黏的更牢。中途翻面，直到两面金黄，就可以吃了！

1 2

3 4

列克星敦无枪声

我们从纽约转机，前往波士顿。

这是我抵达美国后的第一次短途旅行。纽约、华盛顿这样的城市，我不敢随随便便造访，大抵因为一直是自己心目中的美国符号，有神圣光环，仿佛不斋戒沐浴、焚香更衣，贸然造访，不仅像个淋雨的旅人，更无法觐见城市魂灵的真身。

波士顿就轻松得多。因为要在麻省理工大学参加一场活动，同时拜访大姨在吉大读书时的老同学，没有了朝圣的拘谨，整个旅途更像是一次短途商务旅行。

从波士顿机场，坐上一辆白色出租车，我们向列克星敦驶去。窗外，查尔斯河带着诗意静静流淌，流过哈佛大学，在麻省理工惊起水花，循又在波士顿大学旁华尔兹般划了个圈。

安静的午后，毓秀的查尔斯河有了中国式的诗愁。

车子停下，这是一幢有百年历史的老宅。正门处看起来平平常常，门前并没有大片的草地，走上木质台阶，一人宽的门廊，打开黄铜把手、镶着彩绘玻璃的木门，原来这洞天隐在深处。

宅邸共有三层。进门右手边是男主人的书房，墙上挂着大幅立体主义的油画，像是乔治·布拉克和费尔南德·莱热的私生子。客厅中央摆着一架三角钢琴，巨大的大理石面的厨房中岛上堆着今天最新的报纸，《列克星敦民兵》。

今天的晚餐是红辣椒炖鸡（paprika chicken）。鸡是自由放养的鸡。

都是东北人。自然是配米饭。

墙上挂着欧洲古典静物花卉。移开阳台的玻璃木门，眼前原来是一片开阔的洼地。像是干涸了水的池塘，像是流淌尽的芦苇荡。黑色的两只鸟落在远处的绿枝上。

我想起村上春树写的《列克星敦的幽灵》。列克星敦的确有静谧、安逸又略带午后悲伤的爵士情调。殖民时代的古建筑遗存，家家户户门前飘扬的蓝白星条旗，宽大厚实的欧洲沙发、深橡木色的基调，爵士钢琴的曲调像幽灵般四处回荡。

从公共网球场出发，散步到小镇中心的民兵雕像。持枪的卷发民兵，袖口挽到臂弯，露出结实有力的肌肉，一只脚踏在前方的石头上，目光坚定机警。

若没有历史知识的提醒，谁也不会想到，这座仿佛在微风中恬静睡着的小镇，竟是美国独立战争开始的地方。

1775 年 4 月，英军接到情报，气势汹汹地赶往波士顿附近的康科德镇搜查军火。凌晨经过列克星敦，发现路旁民兵端枪伫立。指挥官下令开火，民兵反击。于是便有了美利坚合众国。

我们在列克星敦的那几天，离美国独立战争爆发纪念日相去不久。报纸上刊印着现代人身着历史服饰重演“列克星敦枪声”的新闻。而我在民兵雕像广场前的草地踱步，直到夕阳落到雕像身后，给列克星敦的民兵塑上光彩的金边。

第二天的早餐是列克星敦的经典点心——柠檬派。酥皮中间是一块柠檬味的溏心。因为白天还有活动的缘故，我吃了足足三个柠檬派。

离开列克星敦，今天要拜访哈佛和麻省理工。

牛肉奶酪汉堡

时至今日，汉堡已经进化成了世界食物。在这世界上的角角落落，你都能吃得到被当地饮食习惯同化、融入当地食材体系的本土化汉堡。虽然使用高端食材制作的精品汉堡越来越多，但我总觉着只有用料扎实、带着街头风味的奶酪汉堡才是最纯正的味道。

材料

牛肉馅　培根　奶酪片　西红柿片　汉堡面包　生菜
酸黄瓜片　帕玛森干酪碎　四季胡椒　盐　番茄酱

步骤

1. 在 250 克牛肉馅中加入切碎的 3 片培根（图 1）。
2. 加入四季胡椒（或黑胡椒）和 1 勺盐、2 勺油，用手抓匀（图 2，图 3）。在牛肉馅里直接加入油可以让牛肉饼的肉汁更丰富。
3. 将牛肉馅团成两个球，肉饼在锅里受热时会收缩变小，所以用手掌尽量按薄按大（图 4）。
4. 锅中不用再放油，锅热后直接放入牛肉饼（图 5）。
5. 把牛肉饼两面煎到金黄，将奶酪片盖在牛肉饼上，肉饼的热力会融化奶酪（图 6）。
6. 将另一块肉饼放在奶酪上（图 7）。
7. 把汉堡面包切成两半，切口放入无油的锅中烘脆（图 8）。
8. 按照汉堡底 + 生菜 + 西红柿片 + 牛肉奶酪饼 + 番茄酱 + 酸黄瓜片 + 帕玛森干酪碎 + 汉堡顶的顺序将汉堡组合到一起。
9. 趁热咬一大口吧。

五香葱油拌面

我常感叹，葱与酱油的组合简直是最朴素极简的美味。难以想象如此低调的组合却可以迸发出这样鲜美的味道。下面的这道葱油面做法可以被视作基础版。在此基础上，加一点虾皮，或者一些干贝碎，都能让葱油面的鲜味再上一个层次。不知道吃什么的时候，现炸葱油配一碗爽落的面条，总是令人胃口大开的组合。对于时间紧张的上班族来说，周末炸好一大罐葱油，放在冰箱储存，想吃的时候只需要煮一碗热面，用面的热气烫出葱油香气，是比方便面更方便美味的速食选择。

材料

粗面　小葱　酱油　糖　洋葱半个　蒜
姜　草果　八角　小茴香　香叶　辣椒

步骤

1. 将半个洋葱切成大片，小葱 100 克切段。
2. 把蒜、姜、草果、八角、小茴香、香叶、辣椒用清水冲洗沥干后，放入三成热的油锅中。小火慢慢地炸出香料的香味，不要用大火，否则香料容易变黑发苦。等到香料颜色变深，捞出丢掉。
3. 将洋葱放入锅中，同样是保持小火，直到洋葱变软变透明，边缘开始变焦，捞出丢掉（图 3）。
4. 将切成段的小葱和葱白放入锅中，小火炸至变软，这时倒入 30 毫升酱油、5 克糖，让味道融合 10 秒，之后关火，葱油就炸好了（图 4）。
5. 多烧一点热水，下入 250 克粗面。煮面煮粉的水要尽量多，煮出的面条才会爽落，否则生面味会重。
6. 炸好的葱油可以放进玻璃瓶中冷藏，接下来一周的早上都可以吃到葱香扑鼻的葱油拌面了。

1 2
3 4

葱香黄油热汤面

材料

面条　葱花　韭菜　酱油
香叶　冰糖　黄油　煎蛋

步骤

1. 葱油汤面，最重要的步骤自然是熬出葱油的香。一棵葱，葱香最浓的是根须部位。锅中加油，将葱的根须清洗干净，与葱白一并炼油取香。加两片香叶，小火慢炼。葱香出来，葱白变焦后加冰糖，有利于葱的进一步焦糖化，使葱香更浓（图 1）。
2. 往锅中加酱油，让葱油炸一下酱油，酱油中的水分快速蒸发（图 2）。
3. 将热水倒入锅中，大火煮 5 分钟，将锅里的葱和香叶捞出，葱香底汤就做好了（图 3，图 4）。
4. 将面条煮到 7 分熟后捞出来过一遍凉水，放入碗中备用。面上加煎蛋和一大把葱花（图 5）。
5. 传统葱油面，常在最后加 1 勺猪油提香，但我用了不同的配方。葱油底汤本身已经足够鲜美，但如果还想让滋味再上一个层次，在碗中加一小块黄油。黄油奶香浓郁，混在面汤里，香气扑鼻。
6. 将热葱香底汤倒在黄油上，黄油融化，奶香味瞬间释放出来（图 6）。
7. 最后撒一把切碎的韭菜，鲜味融在热汤里，成就一碗唤醒胃口的早餐好面。

1 2 3
4 5 6

麦片热干面

在武汉旅行的时候，每天自然要好好地“过早”。住处旁边的小店，售卖热干面、豆皮、面窝、煎包子、牛肉面。我常感叹于武汉人一大早的好胃口，和甘愿一边热得流汗一边放肆吃辣的爽气。北京人夏天喜欢用麻酱拌凉面，调的又香又稀的芝麻酱，蒜汁，黄瓜丝，稀里糊涂下肚，唤醒夏日胃蕾。武汉人的热干面走浓烈路线，每一根碱水面上都裹满了芝麻酱料，每一口都吃得到浓郁干香。在热干面里加麦片是我偶然尝试发现的惊喜，麦片的酥脆和热干面筋道的口感相得益彰。这也是一道饱腹感极强的面食料理，早餐享用的话，可能到中午也不会觉得饿。

材料

碱水面　芝麻油　芝麻酱　生抽　蒜汁　小葱　熟烤麦片

步骤

1. 可以用新鲜的碱水面，也可以用干制的热干面专用面。我还试过用意大利面来做，口感也不错。
2. 热干面的面不能煮太软，最好是在面条还有一点点硬芯的时候捞出过水、沥干。这样的口感更为爽落、筋道。沥干后倒一点芝麻油，快速拌匀，面条就不会粘连了。武汉卖热干面的小店门口常备有一个大风扇，刚煮好的大量面条用风扇快速吹干，随吃随用。自己在家操作还是更推荐拌芝麻油的方法。
3. 按照 1 勺芝麻酱配 1 勺生抽、3 勺水的比例，将芝麻酱调稀。如果想让味道更像店里卖的，可以再加一点鸡精和胡椒粉。
4. 把芝麻酱料浇在面条上，喜欢什么小菜都可以切碎加到里面，比如酸豆角、榨菜、萝卜干。加入一把熟烤麦片，增添酥脆口感。
5. 拌匀后淋蒜汁，撒一把葱花。如果用黑芝麻酱来拌的话，热干面的颜色会更深、更有食欲。

西班牙有一道经典的蛋饼（Tortilla），即用土豆、洋葱和大量鸡蛋在平底锅中做成厚实的蛋饼。做起来要耗费点时间，先把土豆和洋葱用大量油小火浸熟，之后再倒入蛋液。经过这样的烹制，洋葱会变得甜香可口。这道韭菜土豆蛋饼制作起来就快得多了，把土豆擦成丝，混合蛋液后平摊成薄饼，做熟只需要几分钟。韭菜的加入让这道灵感肇始于西班牙的蛋饼带上了中式味道。

1 2 3 4

材料　鸡蛋　韭菜　土豆　洋葱　盐

1. 土豆 1 个擦成丝，韭菜切段，半个洋葱切细丝，鸡蛋 2 个磕入碗中（图 1）。
2. 所有食材加 1 勺盐，在大碗里搅拌均匀（图 2）。
3. 平底锅放油，烧到微微冒烟，将蛋糊倒入锅中，铺平，调成小火，盖上盖子（图 3）。
4. 等到表面的蛋液慢慢凝固（图 4），找一个大盘子扣在锅上，快速翻转，煎的金黄的一面就翻转到上面了。

酸奶炸鱼

材料

青花鱼　鸡蛋　希腊酸奶
面包渣　酱油　黑胡椒　糖　葱花

步骤

1. 用刀贴着鱼骨片下两片鱼柳，加入 1 勺酱油，1 小勺黑胡椒腌制 10 分钟（图 1）。
2. 腌好的鱼肉加入 1 个鸡蛋，1 勺希腊酸奶，用手抓匀酸奶蛋糊使其均匀包裹鱼柳（图 2，图 3）。
3. 鱼柳两面粘满面包渣，抖落多余的（图 4）。
4. 油锅烧到八成热，放入鱼柳，每面煎两分钟，直到两面金黄（图 5）。
5. 在希腊酸奶中加 1 小勺黑胡椒，1 小勺糖，1 把葱花，调成酸奶蘸酱（图 6）。吃时淋在炸好的鱼上即可。

海边的炸鱼薯条

中国的雪龙号科考船在驶向南极前会最后一次在澳大利亚的弗里曼托港进行补给。那是我第一次听到“弗里曼托”（Fremantle）这个名字。

所以当我 2012 年第一次造访弗里曼托港的时候，有一种目送同胞远行的亲近感。弗里曼托距离西澳大利亚首府珀斯有 19 公里，也是流经珀斯的天鹅河入海的地方。1829 年英国船长弗里曼托（Fremantle）率领挑战者号在天鹅河口登陆，也便成了弗里曼托筑城史的开始。

从珀斯城中搭地铁去往弗里曼托要二三十分钟。珀斯人常在这个海边港口小镇度过周末。对我来说，这二三十分钟的路程倒像是穿越时光之旅。走出弗里曼托车站，维多利亚式的建筑重把我拉回十九世纪的安宁。我寻着港口的方向散步过去。

黄褐色石墙的教堂，不会高大到令人仰视，又有足够庄严神圣的体量，端端地伫在街角。时光流淌在无人的巷陌，十九世纪的海风轻轻把我推进寻常小店。堆积着的麻袋装裹着被烘烤得油亮的咖啡豆。小麦面粉、干湿意大利面、油渍番茄、盐水酸豆、摩德纳黑醋以及各色奶酪堆列其中。

我常深陷“怪奇”小店。在我眼里，每一座小店都是饱藏魔法的世外

桃源。货架上的它有怎样的产地，背后的食材生产者又有怎样的故事。它们翻山越岭而来，又在这寰宇之中的此刻，与我相遇。

虽然弗里曼托港是一座实实在在的港口（年货物吞吐量逾1737万吨），但却可以满足关于食物的所有美好想象。谷仓一般的啤酒厂外，伫立着四个硕大的钢罐。尝尝各种味道的啤酒吧？之后再决定带哪儿种口味回家。或是在弗里曼托老市场逛逛，袋鼠肉香肠？可以买豆子带走也可以现场喝的咖啡小摊？华人经营的海鲜档？澳洲土著风格布满彩点的装饰品？

一座城市有两个博物馆。一个在庙堂，一个在市场。

弗里曼托市场1897年开始建造。刚刚建成的时候，人们骑着马，或是乘马车前来购物。如今弗里曼托市场已成为当地重要的景点，虽然游客众多，却因为供应新鲜的地产食材，同样受到当地人的喜爱。

自由艺人在公共空间表演，推着婴儿车的老人倚靠在砖墙旁晒太阳。

渔人码头边，是“西澳第一炸鱼薯条”的店家。刚刚炸好的鱼排和粗薯条，用纸包着，只撒了盐调味。

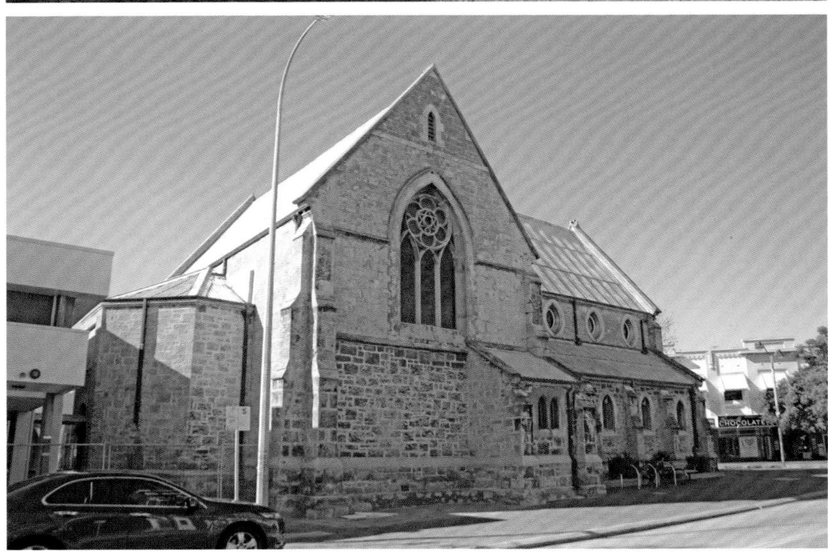

说吃炸鱼薯条是一种传统和信仰，大概是对它平庸味道的一种解嘲吧。鱼本身肉质细嫩，薯条也外酥内软，但若是要解释店前排的长队、和等待中的人群脸上浮现的向往神情，我想一定是为了眼前随海浪高低浮动的渔船，和会俯冲到桌面劫掠薯条的海鸥。

夕阳将落。我散步到海边。

有海钓的人。岸边的海鸥被夕阳的光拉长了影。

我躺在海事博物馆外的长凳上，枕着胳膊，看金黄的光一点点隐到远处礁石的背后。

那是我至今仍记得的夕阳。

希腊酸奶

我还能记起在澳洲第一次吃希腊酸奶时被酸倒牙的滋味。当时在科尔斯（Coles）超市闲逛，看到冷鲜柜里一大罐乳白绵密的酸奶很有食欲，马上买回家舀了一勺。之后的事情你知道了，我龇牙咧嘴了好久才算从这酸爽中恢复过来。市面上的纯正希腊酸奶价格昂贵，有些打着“希腊酸奶”名号的酸奶制品也并不是真的希腊酸奶（Greek Yoghourt），所谓的粘稠感也是添加了增稠剂的产物。但实际上自己在家就可以制作出新鲜美味又健康的希腊酸奶。希腊酸奶的真名应该叫作“脱乳清酸奶”，用滤清的手段将乳清脱出，就能得到奶油般的质地，非常适合用来代替奶油制作低卡甜品。

普通酸奶　香料袋　喜欢的水果和干果少许

步骤

1. 用酸奶机做一大碗酸奶，当然也可以用外面买的原味酸奶，不过使用自制酸奶做原料，得到的成品口感更绵密，奶味更浓（图 1）。
2. 准备一个香料袋，布料的缝隙越小越好。简单说，希腊酸奶 = 普通酸奶 − 乳清。把做好的酸奶倒入过滤袋里，水和乳清从缝隙中流出，留在袋子里的就是醇厚美味的希腊酸奶了（图 2，图 3）。
3. 等到乳清流的差不多，袋中酸奶变为醇厚浓稠的质地，希腊酸奶就做好了（图 4）。一次做成的希腊酸奶密封好可以在冰箱放四五天。
4. 滤除了乳清、味道更浓郁的希腊酸奶比普通酸奶酸度高，吃的时候搭配两勺蜂蜜或果酱，配一些麦片和水果，就是可以叱咤朋友圈的完美高颜值早餐了！

1 | 2
3 | 4

羊杂汤

羊杂　大葱　小葱　姜

香菜　白蔻　盐　辣椒油

在大冷天的北京，冒着迷蒙的冬雾，钻进门口咕嘟着羊汤的小店，听身旁的京片儿大爷呼朋引伴、指点江山，来一碗炖出白汤、浇了红辣子、撒了大量葱花香菜的羊杂汤，就着新出炉的芝麻烧饼，呼哧呼哧下肚，是老舍《茶馆》的韵味。

步骤

1. 有的牛羊肉店会兼卖煮熟的羊杂，当然你也可以轻松网购到。买到的羊杂约 500 克用清水浸泡漂洗一下（图 1）。
2. 将大葱切段，姜切片，锅底放少量油，小火煎香大葱和姜片（图 2，图 3）。
3. 等到大葱微微变成棕色，倒入漂洗过的羊杂，大火翻炒，直到锅里变干（图 4）。
4. 加入足量的开水，大火烧煮，期间不断撇去浮沫（图 5）。
5. 将 10 颗白蔻用清水洗过之后放入锅中（图 6）。
6. 盖上盖子，保持大火，让羊杂汤不断地沸腾。
7. 等到汤逐渐变成乳白色，调成小火，保持微微沸腾半个小时，炖出浓郁的味道。
8. 加适量的盐，盛到碗里后，撒上小葱和香菜，加 1 勺辣椒油。

1 | 2 | 3
4 | 5 | 6

猪油渣葱油饼

中国台湾花莲的一道地方名吃叫“炸弹葱油饼”。初看此名，不禁感慨台湾小吃真是善于把名字取得出格而诱人。到了摊前，发现原来正解是“炸蛋葱油饼”，顷刻觉得少了些趣味，还是“炸弹”要来的更猛烈、诱惑些。用类似手抓饼的做法，将现擀好的葱油饼放入硕大的油锅中，面饼浮在油锅表面，马上打一个鸡蛋在面饼上，油炸过的鸡蛋爆出美味的金黄蛋丝，店家用夹子快速将面饼对折，之后捞出沥干，就可以享用。油锅温度高，面饼也薄，很快就炸得好，炸蛋也刚好是爆浆的状态，弥漫着葱香的面饼被油炸脆了表皮，一口咬下去蛋液四溢，想来是我最难忘的台湾小吃了吧！与台式葱油饼略有不同，下面这道猪油渣葱油饼的方子是我姥姥的传统手艺，据说几十年前常做给我妈妈他们兄妹吃。慢慢地，猪油渣已经不再是中国人餐桌的主角，也让这道裹了猪油渣香葱馅的葱油饼带上了一丝复古的趣味。

材料

面粉　猪油渣　小葱　盐

步骤

1. 将开水缓缓浇在 250 克面粉上，同时不断用筷子顺时针划圆圈（图 1）。
2. 等到盆中的面粉逐渐抱团，用手揉成光滑的面团，盖好保鲜膜静置半个小时，这段时间用来准备油渣馅料。
3. 将 100 克猪油渣和 100 克小葱切碎，在猪油渣中加入 1 勺盐（图 2）。
4. 将面团擀成圆形面片，把葱花猪油渣馅料均匀洒在饼面，边缘留空，防止后面馅料漏出（图 3，图 4）。
5. 将大面饼卷起，捏实两端，之后上劲儿拧下一个个面团（图 5）。
6. 将面团压扁，用擀面杖擀成小饼（图 6）。
7. 锅中倒油，油烧得八成热时放入葱油饼，火力调小，防止上色过快（图 7）。
8. 因为制作过程中有“卷起”的步骤，所以葱油饼内部的层次很丰富。用木铲敲打饼面，或者用我姥姥的做法，等面饼两面金黄熟透之后，用手拿起摔到木板上，可以自然激发出内部丰富的层次（图 8）。

主食即王道

碳水化合物的最原始力量

虾干香菇油饭

这道菜是上海菜饭与台湾油饭味道的结合。我把油饭里的糯米换成东北米，不用炒生米，也不用大火蒸，省去了很多麻烦。如果想让味道更香可以拌入 1 勺熟猪油，不加也无妨，保持清爽的鲜香。

材料　虾干　香菇　洋葱　青菜　酱油　米饭

步骤

1. 用清水浸泡虾干，稍稍泡发后沥干。虾干、香菇、洋葱洗净后切丁（图 1）。
2. 锅中放油，倒入切碎的虾干翻炒。油要稍微多点，达到炸的效果（图 2）。
3. 等到虾干颜色变深，倒入洋葱丁翻炒至洋葱变软（图 3）。
4. 加入香菇丁翻炒，倒入 3 勺酱油（图 4）。
5. 青菜切碎后放入锅中，炒到青菜断生变软（图 5）。
6. 将炒好的拌料倒入米饭中拌匀，盖上锅盖再焖一会儿就好了（图 6）。

1 2 3

4 5 6

台式卤肉饭

在中国台湾台北时，我住在中正区衡阳路附近。通向西门捷运站的半路有一处市场，边边角角的方位，低矮阳棚下经营着许多饮食小店。我闲逛进一家兼营早餐的古早味卤味档。门口玻璃餐车上堆罗着碟碗，大锅里的卤汁汩汩漫着香味。“鲁肉饭 25 元”，换算成人民币，这一小碗浇了肉燥和汤汁的米饭大概需要四元。虽然我知道“鲁”是“卤”字的以讹传讹，但莫名觉得“鲁肉饭”滋味更浓。台湾南北各地卤肉饭各不相同，北部叫卤肉饭，南部叫做肉臊饭。肉的选择上，有用五花肉，有用猪腿肉，有的多放猪皮增加汤汁粘稠度。肉臊的形制也有差别。有的是剁碎成燥，有的是细切成条。虽然是再简单不过的料理，但一碗喷香的白米饭，浇上熬化的肉臊，淋上粘稠的卤汁，再配一个切半的卤蛋，即便是早餐，我也能调动起十二分的食欲。

焿
三代
魯肉飯
BEE CHENG HIANG
魯肉飯

材料

猪梅花肉　红葱头　油葱酥　金兰油膏　台湾米酒
香料包（八角、小茴香、五香粉）　盐　香葱少许

步骤

1. 将500克猪梅花肉切成丝，尽量保证每一条肉丝上都带一点皮。煮到后面，猪皮的胶质出来，汤汁浓稠、泛着亮光。
2. 锅中放一点油，烧热后将肉丝放入锅。不停翻炒，炒干肉丝中的水汽，猪油慢慢被炸出来（图1）。
3. 倒入切碎的100克红葱头和已经炸干的肉丝一同翻炒（图2）。红葱头味道浓郁甜香，台菜料理中常用。也可以用紫皮洋葱替代。
4. 等到红葱头变软，往锅中加入100克油葱酥（图3），翻炒后加入3勺金兰油膏，3勺台湾米酒，3小勺盐，大火炒散酒气，之后加水慢煮，水量稍微盖过食材表面（图4）。
5. 将香料包放入锅中，同时将白水煮蛋放入锅中同煮（图5）。
6. 小火慢炖30分钟，直到肉丝变得软糯（图6）。
7. 卤蛋切两半放在米饭上，浇一勺汤汁浓乎乎的肉臊，撒一把香葱，最好吃的方式是大口扒饭，请享用吧。

牛肉菌菇汤饭

若说食材的讨喜程度，张牙舞爪的牛骨一定比不上方便下锅的肥牛卷，或是肥瘦相间的筋皮腩。但牛骨又恰恰是用来衡量你对一头牛爱的深不深沉的重要方式。肯用心处理牛骨，并好生烹饪、伺候，一定会得到醇厚的嘉奖。找个周末，小火慢炖一锅牛骨浓汤吧。

材料

牛筒骨　牛脊骨　杏鲍菇　金针菇　青菜　盐

香料包（白胡椒、香菜籽、香叶、草果、辣椒、八角、桂皮）

步骤

1. 牛筒骨和牛脊骨用清水泡出血水。
2. 锅中放油，煎一下牛脊骨和牛筒骨。
3. 香料用水冲洗一下之后放入香料包。
4. 锅中烧热水，水一次加足，放入牛筒骨、牛脊骨、香料包，保持锅中微微沸腾。
5. 用小火的话，牛骨汤会更清澈。汤的奶白色是脂肪溶解的原因。如果追求奶白的汤水，把牛骨髓掏出一部分加在汤里，或是直接在炖汤时加入牛脂，大火沸腾，很快就可以烧出乳白色的浓汤。
6. 杏鲍菇切片，和青菜、金针菇一起烫熟，摆在米饭上。
7. 浇上加了盐的牛骨汤。

厚切牛肉浇汁饭

这道牛肉饭和坊间流传甚广的那家快餐牛肉饭味道相近，但因为用了自己鲜切的牛肉，所以味道更扎实。日本原版菜谱通过使用味啉来获得一点甜甜的酒香，我做了本土化的改造，用中国白酒、糖按比例调匀，可以得到另一种感觉的甜酒香。如果为了省事，你也可以直接使用冷冻肥牛卷来制作，那样就更像市售的牛肉饭了。

牛肉　白洋葱　鸡蛋　酱油　白糖　白酒

1. 切下约 500 克牛肉中的肥肉，放入锅里炼出油。
2. 手切牛肉切片放入锅中翻炒。
3. 1 个白洋葱切丝，加入洋葱丝，大火炒软洋葱。
4. 等到洋葱变得透明、牛肉断生，加入 2 勺白糖炒匀。加入白糖后锅中的食材会快速变成红棕色，这种焦化会为后面的汤汁带来更饱满的味道。
5. 白酒和白糖的组合大致等于日式料理中味啉的味道。加入 2 勺高度白酒，大火让酒气挥散。
6. 加入 4 勺酱油，添 1 大碗水，水量盖过食材，之后加盖小火慢炖。
7. 等到牛肉片变软、汤汁也变得浓稠，在锅中间打 1 个鸡蛋，盖上盖子关火，用余温把鸡蛋加热到半熟。
8. 盛一大碗米饭，铺上一层汁水丰富的牛肉洋葱，配一个流心鸡蛋。

沙茶牛肉炒面

一个人的时候，吃面最多。忙起来，没什么胃口和时间做饭菜，但总能给面条腾出点食欲。港式排档炒粉炒面最讲究“鑊气”。高温下的食物发生美妙的美拉德反应，牛肉滑嫩、粉面微焦，暗夜的大排档旁，看锅中一片火光冲天，短短几十秒，足以决定一份炒面炒粉的成败。炒面虽然简单，但炒得好吃也不容易。面条、酱料、酱汁样样都得对。这道食谱里我介绍给大家几种我常用的酱料和酱汁，让你在家也能炒出烟火气十足的沙茶牛肉炒面。

粗面　牛肉　西蓝花　豌豆芽　生抽　蚝油　淀粉　沙茶酱
虾酱　糖　料酒

步骤

1. 做好炒面，选对面条很重要。太过软糯的面条容易炒断，也没有爽落的口感。干面的话，粗点的可以选择干碱水面，类似热干面；细点的可以选择竹升面、广东鸡蛋面。或者跨界一下，用直身意大利面。这几种面条质地较硬，煮面时煮的六分熟，稍有硬芯，取出沥干，炒起来干爽入味。
2. 面条煮好后过清水，沥干后拌一点芝麻油，可以防止面条粘连。
3. 牛肉破着纹理切成薄片，加入 2 勺生抽，1 勺蚝油，1 小勺淀粉，2 勺清水抓匀，可以让牛肉更加水嫩（图 1～3）。
4. 油还凉着的时候倒入腌好的牛肉，在锅中滑散，让牛肉逐渐变熟，可以保持牛肉嫩嫩的口感（图 4）。
5. 等到牛肉表面开始有焦化层，倒入豌豆芽一同炒（图 5）。
6. 粤菜常用的虾酱，直接闻有点刺鼻，但炒菜时做底味道鲜美。沙茶酱来源于印尼、马来的沙嗲酱。最早经移民南洋的潮汕、福建华侨带回国内。南洋的沙嗲酱味甜、花生味重，经过本土改良后，取其咸鲜，近年随着潮汕牛肉火锅而大火。除了可以用来蘸食火锅外，更可以作为炒菜时的味底。在牛肉中加入 1 小勺虾酱，1 勺沙茶酱，快速炒匀，让酱料足足的裹住牛肉片。
7. 将面条放入锅中，快速炒匀。
8. 除了前面两种味道咸鲜的酱料，酱汁也很重要。1 勺糖，1 勺料酒，1 勺生抽。将调好的酱汁倒在面条上，快速翻炒均匀就可以出锅了（图 6）。
9. 想要炒出有烟火气的炒面，最好全程保持大火。这就要求把食材，比如面条、酱料、酱汁都要提前准备好，放在手边，用最短的时间流畅地完成炒面步骤。
10. 我最爱再煎一个蛋黄流心的蛋。吃蛋皮的脆，也吃蛋黄的嫩。用筷头夹一片牛肉和着一根面条在蛋液里一蘸，这一大口美味！

1 2
3 4
5 6

中东烤饼

材料

面粉　酵母　橄榄油　孜然　芝麻

步骤

1. 3 克酵母与约 150 毫升水混合，一边倒入 300 克面粉中一边用筷子顺时针搅拌。
2. 等到水被吸干，面粉呈现丝缕状，用手揉成面团。
3. 盖上保鲜膜或湿布，静置 1 小时发酵。
4. 将面团擀成饼状，用刀分割成长条三角形状的面片。
5. 在面片上涂橄榄油，撒芝麻和孜然。
6. 放入烤箱 200℃烤 10 分钟即可。

唇齿间的秘密—— 三种拌饭

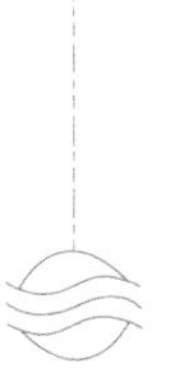

炸虾米拌饭

虾米个头大小不重要，但最好有肉饱满。冷锅，油稍宽，加热到锅里冒青烟，之后调小火，虾米用清水冲一下，用手攥住甩干水分，刺啦一声进锅，水汽瞬间升腾，保持小火，水分慢慢被炸干，颜色逐渐变深，由粉白而至金黄。干净小碗，铲出凉一会儿，虾米上的油星儿还在冒泡。

东北大米，煮的弹牙剔透，温热适口，舀一勺炸好的虾米，大方地盖住米饭。只搅拌上层，让热虾油和米饭融合。

混着虾油鲜味，米饭弹牙，而虾米酥脆，相映成趣。

鸡蛋酱拌饭

东北人嗜酱。好的东北豆瓣酱不会齁咸，味道鲜而不闷，有一股好酱油的鲜味。颜色金黄，混着碎黄豆瓣。好的鸡蛋酱是东北菜的灵魂。农家新鲜带着水珠的小菜，或是山林采到的野菜，或是地里刚拔出来的嫩萝卜，洗干净，蘸一点鸡蛋酱，清爽清脆，最适合夏天。

蛋液打匀。老传统多用大豆油，更浓香。油烧冒烟，蛋液倒进去，之后铲子马上在锅里划圆圈。翻来覆去，把鸡蛋炒得有焦黄的皮。白白嫩嫩的鸡蛋是带不出酱香的。鸡蛋推到一边，锅里下酱。

酱要香，最重要的是“炸”。水炖酱会咸而闷，但用锅底油简单把酱这么一激，酱香味瞬间出来，和鸡蛋一混，点一点水，出锅时撒葱花。

我有时候晚上会揪着鸡蛋酱里煎的很老的鸡蛋解馋。鸡蛋酱也只有好吃到这种程度才算是成功的。香而不咸，调戏味蕾，又不欺负胃。这么刚出锅的一勺鸡蛋酱，浇在热米饭上，如果好事，再加几颗葱花，这样的饭是两碗起步的。

孜然肉末拌饭

熟悉我的人知道我嗜孜然如命。米饭撒孜然加一点盐都能觉得好吃。更别提经常做给自己下酒、或是看剧时伴嘴的孜然鸡骨架、孜然豆干和孜然大骨。

来美国后，第一件事，直奔中国城买孜然。而孜然也不负我，做一道孜然肉末入我胃，暖我心。

牛肉末、猪肉末、鸡肉末这无所谓。肉只是口感的载体。少油，炒得干干的，最好是把肉本身的油逼出来，这样后面不仅不腻，而且有嚼头，吃起来有意思。加一些切的碎碎的蒜末。蒜末进锅一翻炒，香味立马就出来。加酱油，酱油越好，成品越好，刺啦，酱油迅速蒸发，在锅里浓缩成酱汁，撒孜然粉，翻炒，孜然味强势袭来。出锅前撒芝麻。

黑乎乎，看起来并不上相。

我会煎一个鸡蛋。蛋黄一定要嫩得流动。热米饭中间挖一个坑，舀一勺孜然肉末填坑，挑破蛋皮，舀一点蛋黄，浇在肉末上。

这一口。哦，天。

越南牛肉河粉

牛肉　牛骨　香料包（香菜籽 10 克　八角 1 粒　草果 1 粒　辣椒 2 粒　丁香 3 粒　姜 1 块）罗勒　盐

1. 牛肉、牛骨各 500 克用清水浸泡出血水。锅中加足量冷水，放入牛骨，大火烧开，不断撇去浮沫（图 1）。
2. 放入整块牛肉和香料包，熬煮 1 小时以上，直到可以用筷子扎透牛肉，牛肉底汤就做好了（图 2，图 3）。
3. 将洋葱切成丝，放入热水中煮软（图 4）。
4. 河粉煮软后放入碗中，铺上一层煮软的洋葱，加 1 小勺盐。
5. 煮熟的牛肉切成片，鲜牛肉也切薄片，分别码在河粉上。
6. 将牛骨汤烧滚，浇在生牛肉上。
7. 吃之前把罗勒浸在牛肉汤里，香气弥漫。

1 2 3 4

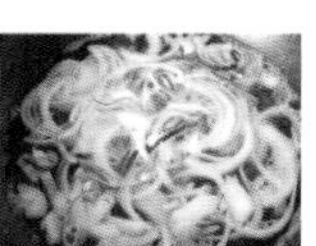

在纽约，吃越南牛肉米粉

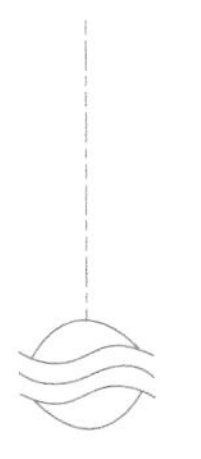

我住在纽约皇后区埃尔姆赫斯特（Elmhurst）街上的一栋环境不错的公寓里。周边的楼都是标准的纽约式砖红，而这栋楼却是姜黄色的。在这里做客几天，可心里却把自己当成了街区的熟人。房东夫妇很早就出门，今天是我在纽约的最后一天，刚来时房东交代我，临走把门锁好钥匙放在门垫底下就好。

该怎么度过我在纽约的最后一天呢？昨晚的酒吧爵士之夜让我的纽约华盛顿之行抵达高潮。懒懒地醒来，却在铺在地板的沙发垫上继续躺了一个小时查看我的手机。我显然是不适合做沙发客的，我的腿根本伸不开。但我把沙发垫铺到地板上，便似乎能感觉到整个人在地面延伸。

不如像一个闲适的纽约华人一样，去吃一碗越南牛肉米粉。

松垮的 T 恤，运动裤，我的鞋也柔软的可以被卷起来。打开门，一股很浓重的烧艾草味道袭来。应该是一楼那家华人。在老外的鼻子里，这算不算中国的大麻？

牛肉米粉店十点开门。昨天早上八点多，我跑完步，想吃上一碗米粉（或者说为了吃米粉而出来跑步），却发现大门紧锁。垂头丧气地溜回去，

不自觉走到超市买了一堆新鲜的海鱼和贝壳。海鲜的好吃另表，可这对一口牛肉汤的痴迷却是怎么也抹杀不掉的。

老板照旧是带着紧缩的眉头来了。这种老派的移民，你不知道他从故国来这里经历了些什么。官方指南上说是十点开门，但现在已经过了八分钟。像我一样等待吃一碗米粉的人也越来越多，但除了等待，作为食客是没有什么话语权的。我只能一边用手机打字，一边揣想着一会要去街角那家看起来简陋的咖啡店喝浓缩咖啡，再吃上一块纽约芝士蛋糕。

左瞅右看，米粉店终于开门了。其实他们早就开始工作了，我猜想一定是在熬牛肉汤，因为看到了升起的烟。这么一碗碗的鲜汤，不熬几个小时成不了。

落座，屋里已经坐满了一大桌。照旧，生牛肉、腩筋、百叶，一点米粉，一大碗鲜汤，再加一份生牛肉。人一坐下，一杯乌龙茶就端上。没一会儿，一小碟脆豆芽，几枝罗勒叶，一小角柠檬也被端上桌。

满满一碗牛肉粉上桌，汤是不抢眼的鸭蛋清偏黄的浑浊色。但用写着万寿无疆的勺盛一口，浑身一阵激灵，尤其是在这么一个胃口渴望被唤醒的早上。

牛肉切上来时还带着粉红色。第一口本能地抵触了一下，第二口便立即明白这种吃法占据菜单半壁江山的原因。生牛肉薄薄的一大片，边缘断生，芯的部位还是粉红色。我会首先把生牛肉片均匀散在汤里。用筷头把牛肉片压到汤里的那一瞬间，嫩粉色便缓缓消失了。纯生的牛肉吃起来有一股酸味，但用汤浸一下，牛肉的嫩留着了，酸味却少了很多。

百叶本身无味，只吃口感，所以必得用一勺汤配着吃。这样包裹着，嚼起来有乐趣，也有味道。汤总是喝不够的，所以要有规划。先借着鲜汤把生牛肉片，百叶，牛腩都吃吃，碗里快要干涸了，这时把罗勒和豆芽菜放进碗里，用米粉残存的热气薰染。

没有汤的米粉是乏味的，口感虽然顺滑，但对于喜食硬面的我来说仍是太软塌。这时辣椒酱便派上用场。美国产的汇丰牌辣椒酱，挤上一层，和剩下的清汤混合，瞬间形成鲜辣浓厚的汤汁，再佐米粉，便会吃的长吁短叹，额头湿润。

最后把柠檬挤在餐前奉送、已温凉的乌龙茶中，还有怎样的舒坦胜过于此呢？

REGAL
Casual
Chevys

abc
GOOD
MORNING
AMERICA

咖喱炸猪排饭

材料

猪里脊　脆皮（面粉　鸡蛋　面包糠）　香料（酱油　黑胡椒　孜然　青麻椒　辣酱油）　洋葱　鸡蛋液　咖喱块

人们谈论起某种食物的时候，总是会不自觉地代入对食物出品地的想象。比如，吃一块日式炸猪排，得有居酒屋的灯光；老上海炸猪排要蘸辣酱油（伍斯特酱汁）；维也纳炸肉排的话，用植物油、猪油、还是滤清过的黄油炸都有讲究。再庶民些，十几块一大片的台式大鸡排，在中国台湾，也分干炸和湿炸两种。制作的原理相同，口味相似，因由文化的区隔与历史的迭变，食物最初的归属隐去，只留下食客口口相传的想象与记忆。明治维新后，炸猪排传入日本。大约同时，也传入上海。二者均脱胎于维也纳炸小牛排（Wiener Schnitzel）。而维也纳炸肉排也并不是奥地利的创造，追根溯源，来源于意大利的米兰炸肉排（Cotoletta Alla Milanese）。不管归属如何，好的炸肉排评价标准是类似的：皮壳脆不脆？肉汁多不多？调味怎么样？这三点做到了，哪处的都好。

步骤

1. 猪里脊分内脊（小里脊）和外脊（大里脊）。内脊长长一条，较细，外脊常修成长方体，较宽厚。做猪排，常用外脊。
2. 用松肉锤或刀背均匀按摩猪排，让肉质更松软，后面才不会干柴难咬（图 1）。调味有两种。一种是直接在猪排上撒盐和黑胡椒（图 2）。另一种是我最喜欢用的，用孜然、黑胡椒、青麻椒提前腌制一会儿，猪排更入味。
3. 传统的猪排用油炸来达到脆皮的效果，为了更清爽的口感，我用烤箱烘烤代替油炸。面包糠用平底锅小火加热到色泽金黄，这就是脆皮的重要构成部分了（图 3）。
4. 按照先蘸面粉、之后蘸蛋液、最后蘸面包糠的步骤，让猪排蘸满三种外皮（图 4，图 5）。
5. 将蘸好外皮的猪排放上烤架，烤箱 200℃烤 20～30 分钟（图 6）。或是平底锅全程小火 15 分钟，中途翻面。想检验熟没熟？用筷子扎一下，流出的是清澈的肉汁就好。
6. 因为脆皮里一点油都没有，里脊本身也不腻，所以无油版炸猪排口感清爽，又不失酥脆。提前腌制的调味从肉汁里慢慢出来，很有回味。可以直接吃，也可以搭配伍斯特酱汁（辣酱油）。
7. 有了炸猪排，可以很轻松地做出日式咖喱炸猪排饭。炒熟洋葱，加入日式咖喱块和胡萝卜一起煮。切好的猪排放上去，这一大口，浓郁酥脆。吃咖喱猪排饭就是会让人很温暖的，是吧？

1 2 3

4 5 6

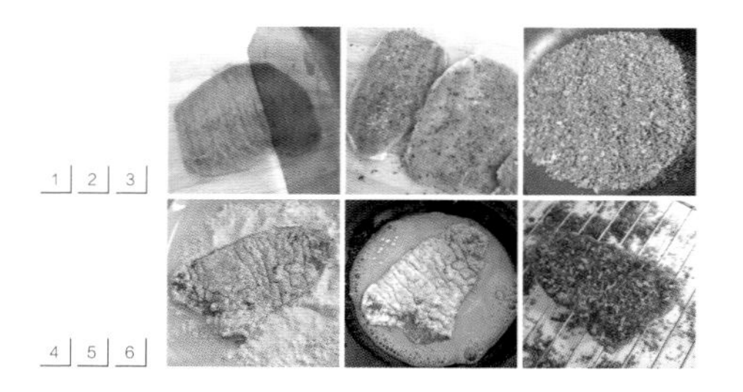

一锅菜饭

材料

小油菜　烟熏鸭胸　油　盐　大米

步骤

1. 小油菜切成细丝，我喜欢在菜饭里吃到大块的蔬菜，所以切成细丝就好。
2. 烟熏鸭胸分成两份。一半切成小丁，一半切成薄片。小丁和饭混在一起，薄片铺在饭上。烟熏鸭胸和培根的味道相近，有浓郁的烟熏香气，我很喜欢。没有的话可以用培根、火腿，或者咸肉末替代。
3. 平底锅烧热一点油，把小油菜放进去炒软。做菜饭，最关键的是不能有生蔬菜的味道。炒断生后立刻关火，后面还要和米饭一起焗，不能炒得太软。
4. 蔬菜拨到一边，不再加油，煎香鸭胸丁，将鸭胸丁和青菜炒匀，加 1 小勺盐。
5. 将鸭胸丁和青菜倒在焖好的米饭上，盖上电饭煲盖子，用米饭的余温再焖 5 分钟。
6. 打开锅盖，混着米香、菜香、肉香的热浪奔涌而来，一个人也能吃下这元气满满的一锅菜饭。

羊肉手抓饭

材料　羊排　米　胡萝卜　洋葱　孜然粒　蒜　白蔻　甘草　盐

1. 准备好各食材（图 1）。不粘锅中放一点油，煎一下羊排（约 500 克）。
2. 将羊排煎到两面金黄，表皮出现焦化层（图 2）。
3. 将蒜粒和洋葱丁放入锅中，炒到洋葱变透明（图 3）。
4. 放入孜然粒翻炒，锅中立刻升腾起浓郁的孜然香气（图 4）。
5. 加入 2 个白蔻和 1 粒甘草，这两种香料的味道和羊肉很搭，而且有利于去除羊肉的膻气，是我烹饪羊肉时一定会用到的独门香料。
6. 1 根胡萝卜切块，锅中倒入沸水，水量盖过食材，大火烧滚后加入胡萝卜块，调入 2 小勺盐。
7. 倒入 200 克大米，搅拌均匀后大火烧到沸腾，之后加盖改为小火（图 5）。
8. 中途翻一下底，防止粘锅。等到锅中水分已经被米吸干，手抓饭就好了（图 6）。
9. 如果觉得直火不好掌握水量和火候，可以在步骤 7 的时候将食材都倒入电饭煲，汤汁量比正常做饭时的水量稍多一点。如果汤汁过多可以舀出不用。羊肉不太好熟，一定要选用烹饪时间更长的煮饭程序。

纽约披萨

纽约披萨的饼底咸味十足，单吃面饼都会觉得耐嚼、好吃。在和面过程中加入了大量橄榄油，让面团更有弹性的同时也提升了面饼本身的风味。

面粉　水　糖　盐

橄榄油　酵母　罗勒

步骤

1. 将 150 毫升水、10 克糖和 3 克酵母混合。
2. 加入 300 克面粉和 5 克盐，先用筷子顺时针搅拌成缕状，之后用手揉按成团，盖上湿布静置 20 分钟。
3. 面板涂 20 毫升橄榄油，将面团揉圆后放入冰箱冷藏过夜，缓慢发酵。过夜冷藏会延缓发酵过程，从而得到更丰富完美的味道和更好的组织结构。如果不过夜冷藏的话，也要盖上保鲜膜或湿布静置 1 小时左右以便发酵。
4. 将面团拿到室温下回温后再延展。
5. 面板上撒足量的面粉，用手指关节由面团中间向外推开，做成披萨底。
6. 面饼上涂一层调过味的番茄红酱，放一层马苏里拉奶酪，撒帕玛森干酪粉，放上油浸番茄。
7. 烤箱调到最大的火力，将披萨放入烤箱中，15～20 分钟，等到奶酪融化并开始变成金黄色就可以了。
8. 在披萨上放新鲜罗勒叶。

意大利牛肉红酱

红酱，是很多意大利菜的基础。制作好的红酱，可以直接做成意大利面酱，也可以用在千层面里，或是直接用作意式红烩菜的酱底。虽然看似平淡而其貌不扬，但把十几种食材的味道完美融合在一起，达到一种复杂的平衡，是很考验耐心和基本功的事。

材料

牛肉馅　西红柿　番茄膏　奶酪

蒜　洋葱　黑胡椒　混合意大利香草

步骤

1. 制作意式红酱，肉是最重要的部分。虽然最常用的是牛肉，但猪肉、鸡肉、培根、意式腊肠、意式烟肉都可以加入其中，以增加不同风味。锅中油烧热，加入 500 克牛肉馅。
2. 炒牛肉的时候，要把肉中的水分炒尽，我们希望肉有嚼头、有肉的焦香，而不是水水的煮肉糜。后面加西红柿时，肉干会吸足西红柿汤汁，变得风味十足。
3. 炒干牛肉的时间比较长。想快，火大一点，时常搅动。不过我最推荐用中小火，慢慢逼出水分，等着牛肉变干变香（图 2）。
4. 等到牛肉变成了“肉干”，把肉推到一边，放入切碎的洋葱和蒜（图 3）。这里有一个小技巧，把锅倾斜，让牛油流下来慢慢炸香洋葱和蒜。
5. 洋葱炒到甜香变软，可以选择加入 1 小杯红酒，炒散酒气后加入 300 克番茄膏与肉酱炒匀（图 4）。番茄膏要炒一炒之后再和其他食材混合。番茄膏本身偏酸，用油炒一下整体味道趋于甜香，番茄味会更浓（图 5）。
6. 1 个新鲜的西红柿切粒，加西红柿粒小火炒（图 6）。番茄膏和新鲜番茄的组合，对口感和味道都有提升。
7. 混合锅中食材，继续翻炒，此时已经能闻到明显的牛肉、番茄的香味，肉酱整体偏干。等到锅中焦香四起的时候，加入 600 克水，将锅中的肉酱调整成黏稠但稍稀的状态（图 7）。
8. 用最小火慢炖，让各种食材的味道融合。肉酱的颜色会越来越暗红。因为较为粘稠，锅底的热气只能透过一个个小孔冒出，锅里的番茄酱很容易飞溅，要小心被烫到。
9. 什么时候加香料呢？当锅里的酱，比我们期待的稀一些时，加入香料。先是黑胡椒，后是香草类香料。小火慢炖 10 分钟后，锅里已经能看到分明的肉粒了，但相对成品来说仍是稀的，此时我们加 2 小勺黑胡椒（图 8）。

10. 在肉酱中添加 200 克奶酪（图 9）。一是为了调味，很多奶酪本身就是咸的；二是增加味觉层次，浓郁的奶香和番茄味叠加，平衡以番茄为主的酸味；三是加了奶酪后，肉酱的质地会变得更加粘稠。可以使用帕玛森干酪，或者自己喜欢的软质奶酪。
11. 加入奶酪后锅中达到接近成品的稠度，出锅前，加入 1 勺混合意大利香草（图 10），或者加入新鲜切碎的迷迭香、罗勒、牛至、欧芹、百里香。
12. 最后尝一下，看看是不是要再添一点盐或者糖来平衡味道。等到达到一种爽口的酸甜夹杂状态，意大利牛肉红酱就做好了。

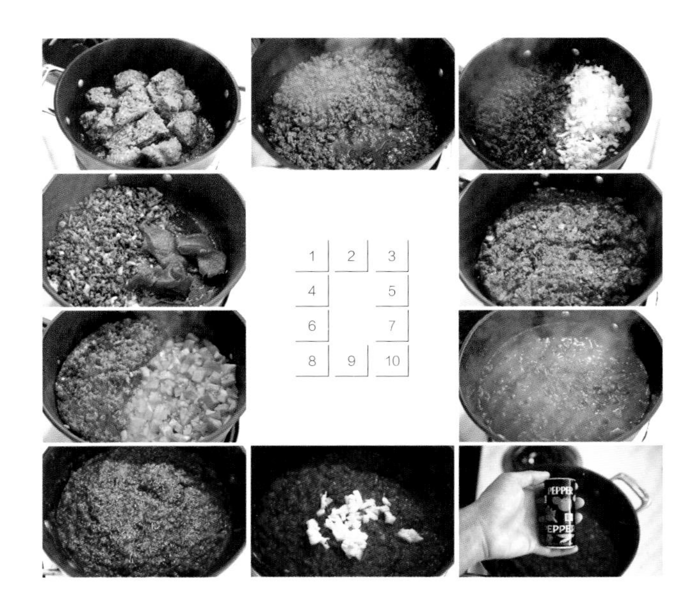

佛罗里达的海边晚餐

黑色的道奇车停在朋友家门前的草地旁时，将要落山的夕阳却晒得我不得不给眼睛遮光。我们从伊利湖边的克利夫兰一路驱车南下，路过满是红土的佐治亚，进入佛罗里达州的境内。

塔拉哈西是佛罗里达的首府，却是我之前从未听过的名字。大抵人们提到佛州，总觉得只有阳光、海岸、沙滩、晒到古铜色的皮肤才是应有的意象。这也是当拜访亲友和旅行成为一石之下的二鸟时会发生的境况，即，你无法完全将自己调整为恣意的独来独往状态。但这样的旅行也会有令人舒适的部分：我们会短暂与亲友生活在一起，亦即真的活在佛罗里达。

初抵塔拉哈西已近傍晚，几日长途行车，人人渴望一场好睡。那晚宾主相谈甚欢，一桌人一边吃着美国南方卡其（cajun）风味的小龙虾一边喝酒聊天。是啊，美国人也吃小龙虾的。

此行的目的地是塔拉哈西以南约 1 小时车程的圣乔治岛。那是美国国土南缘狭长条状的海岛，隔着墨西哥湾，和哈瓦那两望。圣乔治岛也是我们此行拜访的马叔叔周末常去钓鱼的地方。因为我计划在旅行过程中也完成一些美食内容的拍摄（事实上这也是我过去两年间每次旅行的常态），所以从塔拉哈西开车前往圣乔治岛之前，我到超市买了足够八人两日三餐的食材。

我们租下了海边整一幢的四层木结构别墅。海滩边排列着二三十幢外形相同的房子，外地业主买下这些度假地产后，交给本地公司租赁打理。入住的时候，里面已经放上了入住礼物：两瓶葡萄酒，一块软质奶酪，和用牛皮纸袋裹着的面包。

别的不着急，先扎进海水里。

这时也便觉出了圣乔治岛的好，虽没有一众佛州符号闻名，但温暖阳光、清澈海水、海岸风景的魅力却丝毫不减，况且，此刻，绵延几公里的海岸线，由我一人独享。

我在岛上的纪念品商店买了一件印着“圣·乔治岛，1857”的蓝色短袖，顺便在岛上四处闲逛，为海边晚餐做准备。一辆拖车改造成的海鲜售卖车，被涂成了纯白，广告牌只用红白蓝三色，有那种老派的海边风情。这里售卖

新鲜捕获的海产。

论说售卖海鲜，还是要华人做才显得生猛活泼。这里的虾，分为大、特大、巨大三种。我钻到拖车里，看看有什么好货。蓝色保温箱里装满了冰块和水，里面潜藏着被摘掉了虾头的虾身。天啊！那可是虾最美味的部分啊！没了虾头，也就失了那一股鲜甜的汁水，虾将不虾啊！

我对这些惨遭斩首的白虾表示遗憾，只买了少量的虾，用来给马叔叔做海钓的鱼饵，倒是这里的贻贝和扇贝柱不错，顺手带了今晚的量。

别墅一层外的阳台放置了长条桌，可以望得到海，也有一条木栈道可以直通到海边去游泳，这便是我们今晚海边晚餐的主场地。筹备这种 8～10 人的聚餐，听起来工作繁重，但遵循一些基本原则的话，还是容易的事。我提前拌好了一大盆沙拉，用了牛油果、草莓、水牛奶酪，以及用平底锅加一点油煎脆的面包丁。调味的话也是最简单的橄榄油、黑胡椒、盐、柠檬汁。不断地调整、适当增减各种调料的占比，直到达到平衡。之后就可以放在一边不管，着手去忙其他菜。

今晚的前菜是法式贻贝，主菜是牛排、煎扇贝柱、烤鱼和肉酱意大利面。烤鱼用今早新鲜海钓到的马头鱼做，酱油、橄榄油涂便全身，撒一些洋葱粉，进烤箱烤 30 分钟。肉酱意大利面要费些时间，我口味刁钻的意大利裔姨夫对肉酱有严苛的标准，把十几种食材完美融合到一起，味道既要平衡又要吃到的不同食材的本味，只能遵循固定的程序，秉着对食物最虔诚的耐心，才能做出一碗貌不惊人、但内有乾坤的意大利肉酱面。

我也不知我是从什么时候开始享受给别人做饭的感觉。站在发烫的烧烤架旁，我给每一块牛排翻身，撒上黑胡椒和盐，让牛排纹理中的牛脂缓缓融化流淌。把扇贝柱只用油煎到两面上色，就已经是最鲜美的味道。那晚喝了很多红酒。我们在海边分食刚烤好的牛排和雪蟹白花花的蟹肉，直到天色黯淡下去，留下一整片深沉宝蓝色的天空，和一阵阵袭来的海浪。

我踩着被海水打湿的沙粒，做今晚最后的散步。

清早，赶着潮汐来的时候，站在海滩边钓鱼。钩到了几尾“淑女鱼”。带回家做清淡的鱼汤正好。今天我们将离开圣·乔治岛，也即将和佛罗里达道别。

临行前，我随手翻看书架上的烹饪书。那是我第一次和她相见，一本20世纪50年代出版的烹饪百科全书。我不知如果我说那一刻有一种触电般的激动、一股瞬间融贯全身的暖流、声音是有点颤抖的，你会不会觉得我是在夸张。

回到克利夫兰后，我四处寻找，终于买到了年代更久、保存更好的1948年版本。她至今仍被我视为最喜爱并珍视的收藏。

我和佛罗里达道别，也欣然接受了这份临行的赠礼。

III
给生活加点料
凉菜&沙拉&小食

老派蜜汁叉烧

中国传统的叉烧，是把猪肉用盐、糖、酒、酱料腌制后，用“U”型铁叉串牢，围着木炭火烤。一边烤一边转，直到猪肉出油断生后，淋上蜜糖，故称蜜汁叉烧。我欣赏那种在“危险边缘”跳舞的好叉烧，即，火候少一分则色泽浅淡、显不足，火候多一分则上色过重、太过火。最完美的状态，是内里入味多汁，而边角已结出黑色的焦边。这样一条新出炉的叉烧，斩切成片，码在饭上，浇一勺卤汁，是我怎也不会忘记的美味。

$460
$230
一樂燒臘飯店

D54
炳記
雜貨

Dao Dim Tat Hon
高
視
視眼
adidas

猪梅花肉　酱油　叉烧酱　面豉　蒜粉　盐　糖

步骤

1. 将猪梅花肉切成 5 厘米宽、3 厘米厚的长条（图 1），尽量保证分割好的肉大小相仿，这样后面烤制时间相同。
2. 用清水浸泡猪肉，洗去血水之后沥干。
3. 加入 1 勺面豉、1 勺酱油、1 勺蒜粉、3 勺叉烧酱，混合好后腌制猪肉，中途翻面，让猪肉的每一面都被腌制到（图 2～4）。我常用的方法是把猪肉和酱料一并放在密封袋中，放进冰箱过夜。如果你只是一时兴起想吃叉烧的话，腌制时间最少也得半个小时。
4. 烤箱预热。烤盘上铺锡纸，200℃烤 20 分钟，刷一遍腌肉时剩下的酱料，翻面再烤 20 分钟（图 5）。
5. 1 勺糖配 1 勺水调制成糖水，刷在叉烧上，再进烤箱 250℃烤 5 分钟，直到叉烧边缘上色出现黑边（图 6）。

春来半岛，山城枝头

潮湿的、悸动的、疏离的、人声鼎沸的、擦肩而过的、奔涌而来的，香港。

直到我二十三岁的时候，我从未想过我的命途会与香港在这寰宇之中的亿兆个刹那间相连。可我又常像个飘浮的游子，眉头紧锁着挤过摩肩接踵的弥敦道，或是藏着一些窃喜的兴奋登上从湾仔开往尖沙咀的天星小轮，去我最爱的辰冲书店的二楼，看杰米·奥利弗、里克·斯坦、瑞秋·胡的美食图书，或是钻到大埔街市的四楼，去林记包点吃每笼九港币的澄皮虾饺。这繁光陆离的城市，我却只取一瓢饮。

我说的最熟练的粤语是“唔该”，大概等同于“Excuse me”之于英美人。面无表情的路人，每个人都在赶时间。我不知他们从哪来，又要到哪里去。大概，是从一座摩天楼，赶去另一座摩天楼。在香港，每个人都在以三倍快进的速度过活，倒使我这个常溜去海边闲逛，或在街头漫无目的行走的人尤显得无所事事。

香港像是 J.K. 罗琳笔下的“有求必应屋”。破旧的飞天扫把，伏地魔的魂器，斯内普的魔药学课本，哈利亲吻秋·张时垂下的槲寄生。林林总总的

生命在不大的岛上热烈繁衍，像夏天潮湿水汽里滋长的雨林。

每个人都能看得到不同的香港，就像每个居住在香港的人都过着不一样的香港生活。去重庆大厦二楼吃印度人做的羊肉咖喱和现烤麦饼，或是钻进一家东南亚小店，买他们制成的印尼零食，再或者，夜里十点端着一碗咖喱鱼蛋站在亮着黄灯的小食店旁饱腹。异域文化与本土文化快速切换，又模糊地杂糅，最后生出的有美丽瞳孔的混血，便是本港独特的文化气质。

我在香港过着奢侈的日子，有大把的青春供我挥霍。居在小村里，山脚下。山，是中大盘踞的那片山。从庭院里一抬头，望得到逸夫书院和三、四苑。小村口的桥边立着晚清时代的石碑。坐校车四号线上山，在陈震夏宿舍下车，搭直梯到十层，出门便是一棵巨榕迎我。这便到了山顶校园。联合书院与新亚书院之所在。

新亚图书馆藏着大量文学、艺术类图书，尤以精装细裱的字帖为盛，其中以日本二玄社的复制名帖为最精。诗人北岛亦将他的部分藏书放在新亚图书馆的二层，师生均可看阅。而我最钟情的位置，是图书馆的顶层窗边。左手汗牛充栋林列着巨大画册、字帖，右手边的窗外一支玫红色的宫粉羊蹄甲将花朵探到我的眼前。

“沙田一带，尤其是香港中文大学的校区，春来最引人注目，停步，徘徊怜惜而不忍匆匆路过的一种花树，因为相似而常被误为洋紫荆的，是名字奇异的‘宫粉羊蹄甲’，英文俗称驼蹄树。此树花开五瓣，嫩蕊纤长，葩作淡玫红色，瓣上可见火赤的纹路。美中不足，是陪衬的荷色绿叶岔分双瓣，不够精致，好在花季盛时，不见片叶，只见满树的灿锦烂绣，把四月的景色对准焦点，十足的一派唯美主义。正对我研究室窗下，便有一行宫粉羊蹄甲，花事焕发长达一月，而雨中清鲜，雾中飘逸，日下则暖熟蒸腾，不可逼视，整个四月都令我蠢蠢不安。美，总是令人分心的。还有一种宫粉羊蹄甲开的是秀逸皎白的花，其白，艳不可近，纯不可读；崇基学院的坡堤上颇有几株，每次雨中路过，我总是看到绝望才离开。”余光中在《春来半岛》中写到。

錢穆先生

香港中文大學

作家余光中 1974 ~ 1985 年曾在香港中文大学任中文系教授，并兼任联合书院中文系主任两年。他研究室窗下的宫粉羊蹄甲，便是我每日读书行经之路旁的那几株。落英遍地的时候，也惹人怜爱。从联合书院去新亚书院，有一条近路，唤作情人谷。黄赫碣石山体旁的一条崖边小路，被竹林遮住光影，所以即使是烈日暴晒的日子，也常常清凉。

新亚书院是国学大师钱穆先生传道授业解惑的地方。水塔下的广场，仿罗马剧场设计，演讲者立在中央，观众环伺四方，善谈者有罗马雄辩家的风采。今年博群电影节的首场放映《甜蜜蜜》就安排在了新亚广场。1997 年，陈可辛凭《甜蜜蜜》获香港金像奖最佳导演，主办方邀请陈可辛参加映后座谈。青山上，仰望星空，空想如此，幸福如此。

我痴迷于烧味饭。而新亚食堂的烧味，盘踞我心中烧腊美食地图里的榜首。我想一半原因是新亚的烧腊师傅自带一种自信而霸道的气质。粗壮的手臂，将滴着蜜汁的叉烧从架上取下，硕大的菜刀，快速又均匀地斩下，刀刀落到木板，敲出“哒哒哒”的声响。随后刀身一横，左手护住斩片的叉烧，腾挪到米饭上，在饭上按压两下，滋味浸透。

我常在看完苏轼《寒食帖》，或是王羲之的《快雪時晴帖》后去吃烧味饭。烧鸭和叉烧的双拼。新亚的叉烧炙得暗暗红红、带着黑色的焦边，最合我的重口味。烧鸭味道也足，只是我不喜欢吃鸭腿，若幸运，恰好赶上师傅切下鸭腹部位的皮肉，在排队等饭的时候就已按耐不住兴奋。新亚烧味的另一个好处是料汁自助。配白切鸡吃的葱姜油、浇在饭上的卤汁随意取用。烧鸭拼叉烧，浇一勺卤汁，碟角一勺葱姜油，配一杯冰凉的冻柠茶，便是一份最完美的午餐。

香港中文大学盛景“天人合一”亭则要在无人的清冷傍晚造访。亭是为了纪念钱穆先生和他的《天人合一论》而兴建。“一池清水，二树环抱，非传统园林，有现代笔意。”在恰好的角度，你望得到一池清水与云天下的吐露海港浑然一体。视线掠过水面无限延伸，像低空穿行的鸟，涤荡在山海之间，鸣出悠悠的回响。

恋人们常在此取景，作婚纱照的背景。明暗对比的光影下，相爱的两人执手静立画心，三人合抱的大榕树垂下随清风飘扬的气根，硕大的羽冠勾勒出天的轮廓。池水倒影中，所谓佳人，宛在水中央。

可无人的清冷傍晚，合一亭却是另一番景致。骤雨时晴，天光乍现，湿湿的迷雾浮游在对岸的山头。这时我会在亭边坐下，吹新雨后的凉风。雨驱散了亭边的熙熙攘攘，耳畔唯有簌簌风语和空旷的远山回响。在烟雨后的南国，我与山海对坐。

道别的时候，我一个人循着每天上山读书的路，慢慢地走。和迎我的榕树道别，和每一株宫粉羊蹄甲道别，和合一亭被风吹皱的浅池道别。我在那天的日记写下：“日后再看这段日子，我想应是，性格解放与自我放逐。再见，新亚。再见，钱穆。”

东北熏肉

材料

猪五花肉　生抽　老抽　豆瓣酱
八角　桂皮　香叶　白砂糖
冰糖　茶叶　花雕酒

对烟熏味道的痴迷跨越了种族与地域。澳大利亚的培根，美国的烟熏肋排，德国的熏鳗鱼，我国苗族的烟熏腊肉。尽管下箸之前也纠结过含盐量是否过高、烟熏后是否不利于健康云云，但时间与烟火带来的味觉上的改变却是难以忘记的体验。简单来说，做熏肉，要先“酱制”后“熏制”。老家夏天会有早市，除了应季时蔬，也有煎炒烹炸，热闹非凡。常能看到卖熏酱的摊位前支一口烧柴火的大锅，锅底焦黑，架子上摆着刚刚熏好的豆腐卷、熏兔和熏鹅。我在这个基础上改进了一下，更适合在家操作。

1. 常见的熏酱原料，荤的比如猪肉、鹅、猪蹄、兔，素的比如豆腐卷、素鸡、豆腐干。
2. 将 500 克猪五花肉用冷水浸出血水。
3. 将五花肉冷水下锅，加入 3 粒八角、1 段桂皮、3 片香叶同煮，不断撇去浮沫（图 1）。
4. 加入 2 勺花雕酒，或者少量白酒，有助于去腥增香。
5. 加入 5 勺生抽和 5 勺老抽，加入 3 粒冰糖，1 勺豆瓣酱（图 2）。
6. 小火煮半个小时后关火，让酱肉浸泡在卤汁里慢慢入味（图 3）。
7. 接下来就是相对考验技术的烟熏环节了。熏得好，肉带着迷人的烟熏香气，又有一丝甜蜜回味，熏得过了，肉会变黑发苦。
8. 把 3 勺白砂糖和 1 把茶叶均匀铺在锡纸上（图 4）。不要直接放在锅里，会很难清洗的。茶叶的话我喜欢用红茶，香气和烟熏味更搭。
9. 用最小的火慢慢加热，锅里的白砂糖会慢慢融化并变成焦糖（图 5）。等到大部分砂糖已经变成焦糖，锅底会产生持续而充足的烟。继续保持小火，马上把酱好的肉放在蒸笼上，保证烟气可以在锅内流通。盖上盖子，小火 3 分钟后关火，但不要开盖，让酱肉继续沐浴在甜香的烟气中。
10. 等到锅整体冷却后把熏肉取出。熏肉表层已经变成了漂亮的亮棕色，放凉后更容易切片，我最爱弹弹的还有嚼劲的猪皮部分（图 6）。
11. 这种做法的熏肉，可以作为令人惊喜的冷盘，也可以卷在饼里加一点蒜蓉辣酱和黄瓜丝，就是美味的熏肉大饼了。

凉拌西葫芦

材料

西葫芦　朝天椒圈

万能凉拌汁（酱油　醋　糖　香油　辣椒油　麻椒油）

步骤

1. 1根西葫芦洗净后，用擦丝器擦成长丝。
2. 将6勺酱油、2勺醋、1勺糖、1勺香油、1勺辣椒油、1勺麻椒油混合成万能凉拌汁，单独盛在一个小碗里。掌握好了比例，这份万能凉拌汁可以用在大多数凉拌菜中。
3. 临上桌的时候将料汁倒在西葫芦丝上，撒一些朝天椒圈。

东北酱大骨

我不知东北人是不是这世界上最喜爱猪大骨棒的人群。与酸菜同炖，炖得骨髓流出、筋肉软烂；燃柴的土灶，大骨和豆角同烧，烈焰铸成丰收菜；或是专营猪肉的骨肉馆，直接用巨大的铁盆端上满满的酱棒骨。用来酱大骨的卤汁同样可以用来制作酱鸡、酱猪蹄等各类熟食。

材料

猪筒骨　东北豆瓣酱　酱油　葱结　姜片　盐　香料包
（八角2粒　草果1粒　黑胡椒1勺　白蔻3粒　香叶3片
桂皮2根　丁香2粒　白芷1片　甘草1片　小茴香1小勺）

步骤

1. 用清水浸泡猪筒骨，中途换水3次，洗净血水后沥干（图1）。
2. 热油锅放姜片和葱结，炸出葱姜香气后加入1勺东北豆瓣酱炒香，倒入5勺酱油，做成酱汁底料（图2，图3）。
3. 准备好香料包（图4）。另起锅焯一下猪筒骨，煮出血污和杂质（图5）。将洗净的猪筒骨和香料包放入步骤2中的酱汁底料，加足量的水没过猪筒骨，加入5小勺盐（图6）。
4. 大火煮开卤汁，不断撇去浮沫。
5. 调成小火，盖上盖子，慢煮1个小时，之后关火将大骨留在卤汁中浸泡，浸泡越久入味越好。

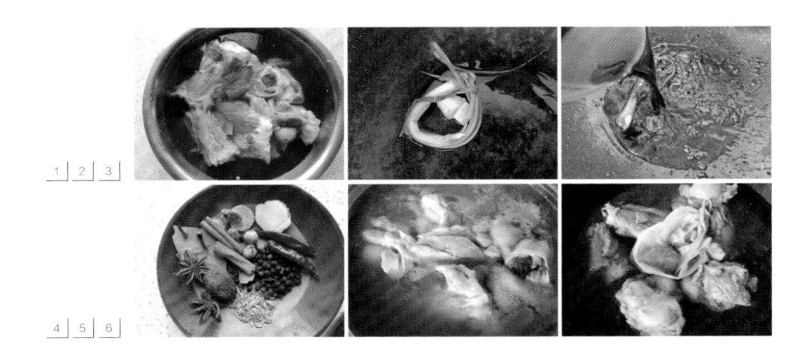
1 2 3
4 5 6

和风煎青花鱼

材料

青花鱼　酱油　糖　柠檬

步骤

1. 首先是片鱼柳。选一把快刀，在鱼硬腮骨后方垂直入刀，切到鱼骨停止，将刀侧过来，沿着鱼骨一直切到鱼尾。翻过来重复同样操作，可以得到两片鱼柳（图 1）。
2. 将鱼柳切成大小相近的块。
3. 在鱼柳块中加入 2 勺酱油和 1 小勺糖，挤一点柠檬汁进去，腌制 10 分钟（图 2，图 3）。
4. 油锅烧到七成热，将腌好的鱼柳块鱼皮朝下放入锅中，煎至两面金黄（图 4）。
5. 吃的时候挤一点柠檬汁。

红油芥末鸡丝

材料

鸡胸肉　葱　姜　蒜　粗粒大藏芥末酱
豌豆　芝麻　红油汁　生抽　醋　糖

凉菜是我在夏天唯一愿做、也会有食欲的菜。但凉菜同时又是矛盾的，我希望凉菜清爽，但又不想吃盐拌菜叶；我希望凉菜有肉可嚼，但一定得“肉而不腻”。这时就显示出了万能红油芥末凉菜汁的妙用。这种凉拌汁以经典的川菜红油为灵魂，加入了西餐中常用的大藏黄芥末酱（Dijon），这样调成的红油芥末凉菜汁，无论拌蔬菜还是肉类，都香辣适口，味足不腻。

步骤

1. 把1块鸡胸肉和1根葱、3片姜同煮。用葱姜去腥，最后煮鸡胸的汤就是后面可以用到的鸡汤了。
2. 怎么保证鸡胸肉嫩的出水、口感不柴呢？火候是关键。加盖煮10分钟左右，用筷子插进鸡胸最厚处，如果觉得内部很软，说明还没熟；如果觉得稍有阻力但可以插透，火候就可以了。具体时间要根据鸡胸大小决定，10分钟是基础，如果不熟可以加5分钟。
3. 鸡胸肉放凉之后拆成丝。火候适当的话，拆出的鸡丝能捏出水，吃起来纤维感不强。
4. 蒜碎和芥末籽酱按1：1的比例，倒入3倍体积的红油，搅拌均匀后静置，平一平蒜的火气，也让各种味道彼此融合。
5. 红油、蒜、芥末酱调好静置后，加入酱汁类调料。基本的比例为3（红油）：1（蒜碎）：1（芥茉酱）：5（生抽）：1（醋）。
6. 烫熟豌豆，同时把鸡汤熬得浓缩，如果调出的酱料太粘稠了就用鸡汤稀释一下。
7. 将鸡丝、豌豆和酱汁拌匀，撒上芝麻。
8. 拌好后，放几个小时，滋味最透、最好。而且这道菜，你的每一口都有”吃肉感“，但绝不会觉得腻。如果想更清爽一些，加入黄瓜丝即可。

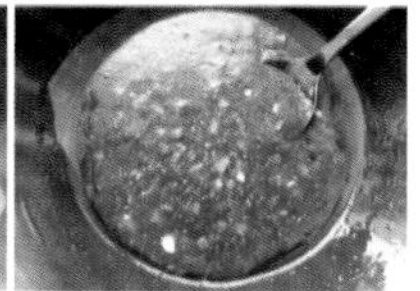

调好的红油芥末汁

芒果鲜虾沙拉

如果让我用一个词形容东南亚菜，“活力四射（Zing）”一定是最贴切的。“Zing”的原意是灵光一闪、迸发火花的那个时刻。用在美食中，就是让你惊艳的味觉瞬间。在东南亚旅行的时候，我接触到了一种蛮激醒味蕾的吃法：芒果 + 鲜虾 + 现磨辣酱，听到这个组合初时我是拒绝的。三种食材单独吃我都很爱，组合到一起感觉总有点奇怪。但当芒果鲜虾沙拉端上来时，衬着东南亚当地溽热的气候，吃起来竟无比清爽开胃，芒果的甜润在鲜磨辣酱的衬托下很好地与虾的鲜味配合。回来后在家重做了一次，我调整了一下辣酱的食材组成，加入了白兰地酒，增加一点融合（Fusion）的感觉，满满一盘色彩炸裂的芒果鲜虾沙拉，简直是夏日聚会神器。

材料

芒果　生菜　八爪鱼　虾　红椒　柠檬
西红柿　泰椒　圣女果　白兰地　盐　糖

步骤

1. 准备好各种食材（图 1）。对于沙拉来说，酱料是灵魂主角。一般的沙拉酱对于夏天来说过于黏腻，其中的热量也高的吓人。所以用一些新鲜食材、香草做鲜磨泰式辣酱，最适合夏天不过。
2. 准备一个大石钵，加入 3 勺盐，1 勺糖。泰国小米辣椒切去根蒂，如果想减轻辣度，可以把辣椒筋膜去掉。红椒和小米辣切成辣椒圈放入石钵。1 个成熟的西红柿切成小丁，用西红柿酸甜的汁水中和辣酱的辣度，也放入石钵，一并捣碎（图 2～4）。
3. 往石钵中挤入半个柠檬的汁水，柠檬会带来清爽的香气和合适的酸度（图 5）。
4. 往辣酱中倒入 1 瓶盖白兰地酒。白兰地的葡萄香气悠悠出来，为鸡尾酒辣酱增添了一道味觉层次（图 6）。
5. 为了让辣酱成品更顺滑，可以用食物料理机（搅拌机、果汁机均可）搅到顺滑。如果手头没有的话，在最开始切辣椒和西红柿（去皮）时切的尽量细碎就可以。有颗粒感的辣酱也是独特的口感。做好的辣酱（图 7）。
6. 选择味道相对清淡的肉类，比如海鲜和鸡肉，可以更好地与水果类食材撞击出清爽的味道。我这里选用的是八爪鱼和吓。八爪鱼、虾简单烫熟即可。也可以用虾丸、虾饼等制成品。
7. 把芒果切成丁（图 8），各种食材混合到一起，淋上泰式辣酱，满满地摆一大盆芒果海鲜蔬菜，光是看颜色就已经心情阳光舒畅。

1 2 3 4
5 6 7 8

蒜蓉烤茄子

茄子　蒜　油　孜然　辣椒　盐　朝天椒　葱

步骤

1. 将大量蒜切碎，放入油锅，小火炒香，加 1 小勺盐，做成油蒜蓉（图 1～3）。
2. 将孜然和辣椒一起捣碎做成香料粉。
3. 茄子对半切开，用刀划上花刀（图 4）。撒一点盐，可以让茄子更快变软。
4. 茄子放入烤箱，220℃烤 20 分钟。
5. 拿出茄子放上油蒜蓉和香料粉，再放入烤箱烤 20 分钟。
6. 朝天椒切小圈，葱切葱花（图 6）。吃之前撒上。

香茅辣子烤鱼

第一次吃到“蘸水”是在云南昆明一家深夜建水烤豆腐摊。那是我的大学毕业旅行，我和父母从中国的东北角飞到中国的西南角。到昆明的那天，晚饭后仍觉饥肠辘辘，四处寻觅，看到了这家亮着小灯的建水豆腐摊。炭炉上架着烤网，火力透过烤网炙着豆腐。不得不说，豆腐并没有给我留下太多印象，倒是那晚的蘸水让我记忆深刻。在云南的几天，我一次次在路边摊接触到这种又香又辣又凛冽的调料。这道烤鱼带着浓浓的云南风味，如果用新鲜香茅制作的话，就更像身处云南了！

罗非鱼　洋葱　料酒　酱油　油　带籽椒粉
花椒粉　白胡椒粉　孜然粉　鸡精　芝麻　盐

步骤

1. 罗非鱼去鳞洗净，用刀在鱼身斜切花刀，方便入味和快速烤熟（图 1）。
2. 用料酒涂抹鱼身内外，可以去腥增香（图 2）。
3. 半颗洋葱切丝，铺在烤盘底层。
4. 给鱼身涂两遍酱油，之后放在洋葱上（图 3）。
5. 将 10 份烤干的带籽辣椒粉和 3 份花椒粉、1 份白胡椒粉、1 份孜然粉、1 份盐、0.2 份鸡精放入食物料理机中打碎。当然你也可以购买成品蘸水。
6. 在烤鱼内外撒上混合蘸水辣子粉（图 4）。
7. 鱼皮朝上，撒好辣椒粉、孜然粉、芝麻，在鱼身下放入香茅（图 5）。
8. 在鱼皮上涂一层油，之后放入烤箱 200℃烤 20～30 分钟，直到鱼肉裂开（图 6）。如果鱼太大烤制过程中出水的话需要倒掉。
9. 我喜欢烤的老一点，涂满辣椒粉、孜然、芝麻的鱼皮被烤的焦脆，里面的肉却又非常水润，隐约能吃到香茅的味道。

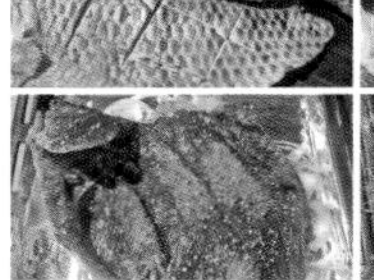
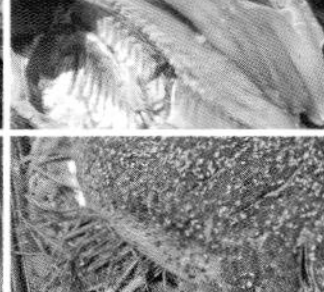

1 | 2 | 3
4 | 5 | 6

中式烧烤

材料

牛肋条　鸡蛋清　葱　腰果
孜然粉　辣椒粉　黑胡椒粉
酱油　蚝油　盐

虽然全国各地都有烧烤，但烧烤的口味、风格一地一俗，都不太一样。有的只用孜然和辣椒两种香料，有的要提前腌制后刷酱烤。东北烧烤的特点比较明显，添加了坚果的料粉是东北烧烤的灵魂。料粉的存在，使烧烤吃起来层次明显，肉本身的香气、料粉的味道和收尾的酱汁纷至沓来，吃起来浓香四溢。

步骤

1. 将肉切成大小均等的块状，每 500 克肉放入 1 个鸡蛋清，再加一点葱混合均匀（图 1，图 2）。鸡蛋清相当于给肉增加了一层保护膜，锁住味道和水分，而葱则会去除掉肉中的杂味。混合腌制半小时以上，之后串到烧烤钎上。如果使用木质烤钎，要提前浸泡一夜防止被火点燃。
2. 配制料粉时，每一家生意红火的东北烧烤店都有自己的秘方。简单来说，料粉是香料粉和坚果粉的组合。基本款是将孜然粉、辣椒粉、黑胡椒粉和坚果混合到一起用料理机打碎（图 3，图 4）。更复杂的香料包括肉桂、八角、香叶、白芷、肉蔻等，但家庭操作控制不好量，便不推荐使用。最常见的坚果是花生、芝麻、干大豆，我更喜欢腰果的风味。不方便自己制作的话也可以网购东北烧烤料粉成品。
3. 烤串的最佳搭档一定是炭火。炭火烧烤的风味与烤箱烧烤完全不同。使用炭火的时候要注意，一定要等炭的火苗燃尽之后再烧烤。很多朋友以为应该直接用火苗烧烤，但火苗的热力不稳定，还很容易带上来炭灰把烤串染黑。等到火苗隐去，只留下持续稳定燃烧的木炭，这时才是最好的烧烤时机。使用烤箱的话，将火力调到最大，把烤串架在烤网上即可。
4. 将肉串烤至五分熟，这时肉串表面已经基本变色，但仍能看到部分血水渗出，均匀撒盐（图 5）。
5. 七分熟的时候，即肉串表面看不到血水，并已逐渐上色，这时撒上料粉，继续烧烤，流出的肉汁会和料粉混合（图 6）。

6. 将等量的酱油和蚝油混合，做成烧烤酱汁，薄薄一层涂在肉串表面，酱汁被火力烤的浓缩，吃起来有一丝鲜甜（图 7，图 8）。
7. 我喜欢把串烤的干一些，更有嚼劲。尤其是牛油的部分，已经被烤的外层焦化，一咬下去是脆的，之后里面浓郁的牛油香炸裂开来。也可以蘸着料粉一起吃。

草地，烧烤，阳光，和好天气

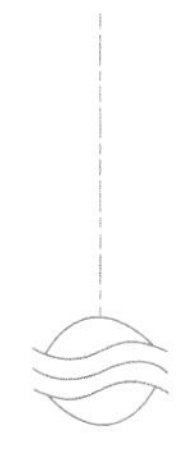

34℃，微风。

太阳晒得暖烘烘的热气，笼罩着草地对面的树林。那是一片高大、纤细的杂林，被保留下来，用来分割临近人家的地产所有权界限。虽然狭窄、且承担着划界围墙的角色，但绵延相连，从树林可以一直走到不远处占地两万多英亩的凯霍加河谷国家森林公园。常有野生动物循着森林直走到家门前的草地，母鹿和身边轻快蹦跳的小鹿，浣熊，或是会用气味攻击的臭鼬。夜晚常听到树林里一阵躁动，那是家中豢养的橘猫“猴王”在和误入它“领地”的浣熊打架。

“凯霍加”（Cuyahoga）是印第安语的音译，初来此地的时候，我觉得有趣，常大声诵读地名，几乎不需要额外的情绪，声音像雄壮豪迈的印第安战歌。

凯霍加河向北流入伊利湖，十九世纪曾是美国污染最严重的河流之一，水道支撑着克利夫兰重工业的崛起。1969 年，河面漂浮的油污燃烧起冲天大火，举国震惊，催生了清洁水法案。现在，凯霍加河重又恢复了印第安时代的宁静。

我常躺在家门口的草地上，看对面的树林，看天上的天。阳光炽热着我的眼，我却不忍离去。

屋边阴凉地盘蔓着的草莓结出精致、红宝石般的果子。露在明处的果实被松鼠啃了几口，它们只选最甜的尖儿吃。剩下的藏在叶片底下，留给播种的人。

柠檬味的夏日啤酒，在我手里清凉。

我驾一辆老款福特汽车，从家门左拐，轰一脚油门，驶向 4 公里外的超市。沿路人家飘来烟熏的烤肉香气。刚剪好的青草、烤架上焦糊的烙痕冒出的烟气，大概是美国不二的气味符号。

修好形状的整扇猪肋排，堆积在超市冷藏柜里。但我先要去啤酒区报到。

欣赏一副世界名画，和欣赏摆放整齐、排列有序的瓶装啤酒并无二致。美国商业文化的礼赞，雕塑一般陈列在货架上，像安迪沃霍的金宝牌罐头。直到我拎起一提啤酒，搅了清梦。

烤肋排，那是把灵魂出售给魔鬼的食物啊。

长长一扇猪肋排，每一根都有手掌的长度。撕去背面的银膜，让味道更好进入。蒜粉、洋葱粉、黑胡椒粉、西班牙的烟熏辣椒粉、蜂蜜（甜蜜的回味）、烧烤酱（可以用番茄酱加酱油替代），调好后均匀涂抹在肋排的周身。要有按摩的力道。如果觉得调料太干？开一瓶黑麦啤酒，倒一杯给自己，倒一杯给肋排。

掀开厚重的顶盖，烧得灼人的铁架喷薄出热浪，腌好的肋排随性抛到铁架上。几乎是立刻，肉被炙烤的香味窜出来，盖上顶盖，半个小时后，翻过肋排，再熏个二十分钟。两面刷上烧烤酱。盖上盖子，关上火，你且让那烧烤酱变成湿润又焦脆的外层，浸透骨子里。

两根烤肋排，粘了满手的肉汁和烧烤酱，冰凉的啤酒。

我坐在草地上，望着对面的树林，享用我的午餐。

远处森林里的猛兽，嗅到我手中的烤肉香味了吗？

美式烧烤

材料

猪肋排　番茄罐头　番茄酱
罗勒　牛至　红糖　盐　酱油
黑胡椒碎

美式烧烤制作方法

我对烧烤有一种本能的痴迷。不忍接近的高温炭火、迎面扑来的热浪、滴着血的食材、从空中抛撒散落的调味料。一切都是那么豪放而粗糙不羁，却似乎又带着一点乱糟糟的和谐。烤肉熨帖在铁架上的那一阵呲啦作响，对料理人来说，这是最美的音乐，是最好的回响。

步骤

1. 将 1 罐番茄罐头捣碎，也可以使用新鲜成熟的西红柿替代。加入 4 勺番茄酱、3 勺红糖、3 勺酱油、1 勺黑胡椒碎，和一把切碎的新鲜罗勒、牛至（图 1～4）。
2. 调好的酱静置一会儿，将猪肋排放入其中，裹匀酱料，腌制 3 小时（图 5）。
3. 烤箱预热，将肋排放在烤架上，220℃烤 1 小时（图 6）。
4. 室外烧烤炉点火，将烤箱中的肋排拿出，重新涂抹一层酱料，放在室外烧烤炉中再烤 30 分钟。如果没有室外烧烤炉，可以涂抹酱料后将肋排重新放回烤架，220℃烤半小时（图 7，图 8）。
5. 搭配烤肋排，可以烤一些蔬菜。将胡萝卜去皮，西红柿洗净，涂上薄薄一层油，放入烤箱烤软即可。

茄子土豆泥

材料 茄子 土豆 香菜 小葱 朝天椒 海鲜酱油 蚝油 香油 盐

步骤

1. 用高压锅将 1 根茄子和 2 个土豆蒸熟，以高压锅开始冒气计算时间，茄子视大小，需要 3～5 分钟，土豆需要 10 分钟。
2. 将土豆去皮后按压成土豆泥，铺在盘底，淋上 3 勺海鲜酱油混合 1 勺蚝油调成的鲜味料汁。
3. 将茄子撕成细条，拌入 1 勺香油，1 小勺盐。将调好味的茄子泥放在土豆泥上。
4. 在茄子土豆泥上撒香菜、小葱、朝天椒，吃之前拌匀。

海盐粗薯

薯条是真正的休闲食物，是你给自己的奖赏，是对抗不开心的终极武器。我是喜欢薯条的。但我却轻易不吃薯条。如果我拿起一只薯条，它立马软塌地俯首称臣，没有比这更令人不快的了。外壳酥脆、内里绵软，再配上新鲜的香草，这样一份够味的海盐粗薯，会改变你对快餐式薯条的固有印象。

土豆　油　海盐　欧芹　黑胡椒

步骤

1. 两个土豆洗干净，切成 2 厘米的厚片再切粗条。
2. 用清水冲洗一下切好的土豆条，洗去多余的淀粉（图 1）。
3. 水烧开，加 1 小勺盐，将土豆条放入锅中煮到不太用力可以掰断（图 2）。
4. 土豆煮好后沥干，静置两分钟，油锅烧热放进去（图 3）。怎么确定油温呢？往锅里丢一小块土豆，如果出现丰富的泡沫则温度合适。
5. 刚下入油锅时要把火调到最大，因为一下子放入太多土豆条入锅会让油温瞬间下降，所以开始先把火调高，等到呈现稳定的气泡时再调到中火。
6. 中途给薯条翻身。保证四面上色均匀。等到四面金黄，就可以准备出锅了（图 4）。
7. 炸好的薯条放在厨房纸上吸油。
8. 将黑胡椒和盐混合均匀，加入切碎的欧芹，与薯条混合均匀即可（图 5，图 6）。

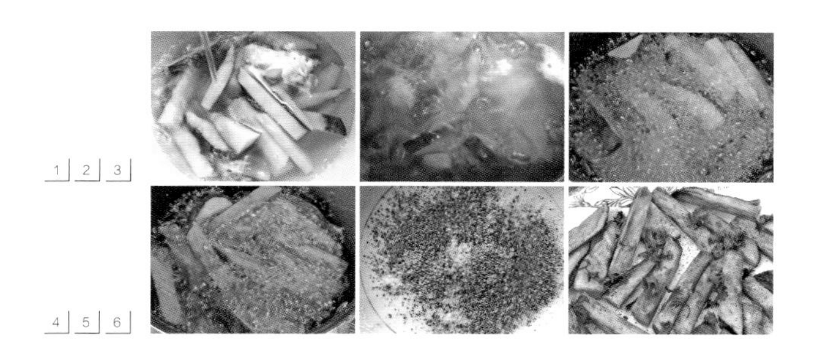

土耳其烤肉

传说，土耳其烤肉“站立式”烤叉源于古代战时，士兵们常把猎物用剑一穿，立在地上慢慢烘烤。较常见的是把肉调味好，搅成肉糜，之后用铁叉一穿，肉糜的黏性足够大所以并不会散落，烤制过程中，表层被烤的焦香，大刀片下最焦脆的那一层肉，加些蔬菜香料，放到皮塔饼（Pita）里吃。

材料

牛肉馅　洋葱　香菜　孜然粉　烟熏辣椒粉
咖喱粉　黑胡椒粉　盐　酱油　油　圣女果

步骤

1. 将孜然粉、烟熏辣椒粉、咖喱粉、黑胡椒粉各 1 勺和 2 小勺盐混合成香料粉（图 1）。
2. 500 克牛肉馅中加入 2 勺酱油，同时加入香料粉，再加入 3 勺油（图 2）。
3. 半个洋葱切成小丁加入牛肉馅中混合均匀（图 3）。
4. 将牛肉馅用料理机搅细，或者用刀剁碎，直到牛肉馅出现黏性。
5. 牛肉馅剁碎后放入冰箱冷藏 10 分钟，取出后加入切碎的香菜。
6. 用手沾水后将牛肉馅团成圆，竹扦从中间穿过，用手掌将肉丸捏扁成香肠形（图 4）。
7. 锅中放少量油，将烤肉放入锅中煎熟，煎到两面焦黄即可。可装饰上圣女果片和香菜碎（图 5）。
8. 我最喜欢的是把烤肉和香菜、圣女果一起剁碎，撒上一把孜然粉，混合均匀后放在饭上做成土耳其烤肉饭（图 6）。

1 2 3
4 5 6

台式大鸡排

鸡胸肉　面粉　淀粉　黑胡椒粉
洋葱粉　蒜粉　辣椒粉　酱油

在中国台湾逛夜市的日子，几乎每晚都要和炸鸡排、盐酥鸡打照面。暗夜里的小摊灯火通明，打扫的干干净净。明黄灯光照耀下的食材仿若加了美味光环，这个、这个和那个，都想来点。约定俗成的，老板会在鸡排或盐酥鸡快熟时往油锅中加一把罗勒。新鲜罗勒被炸的油脆，而鸡排、盐酥鸡也熏染上了迷人的罗勒香气。

步骤

1. 将鸡胸肉片成大薄片（图 1）。
2. 鸡胸肉中放入 2 勺酱油、1 小勺洋葱粉、1 小勺蒜粉、1 小勺黑胡椒粉、1 小勺辣椒粉腌制 30 分钟（图 2，图 3）。
3. 撒一层面粉在腌制好的鸡胸肉上（图 4）。
4. 碗中放 2 勺淀粉，加 2 勺水调成糊。将蘸了面粉的鸡排放入碗中蘸满淀粉糊后取出（图 5）。
5. 在鸡排上撒一层面粉（图 6）。
6. 锅中放稍多的油，烧热后将鸡排下入，炸至两面金黄（图 7，图 8）。
7. 吃的时候配上新鲜罗勒叶子口感会更好。

厚切脆薯片制作方法

厚切脆薯片

土豆　黑胡椒　孜然　酱油

1. 将带皮土豆切成薄厚均匀的片。
2. 黑胡椒和孜然磨成粉，撒在土豆片上。
3. 倒入 2 勺酱油拌匀。
4. 倒入 2 勺植物油拌匀。
5. 烤箱预热，将土豆片摆在烤架上。200℃烤 10 分钟后翻面，温度调成 150℃烤 20 分钟。
6. 酥脆得头腔共鸣。

干酪杏鲍菇

材料 杏鲍菇　玉米粉　帕尔马干酪粉　盐

步骤

1. 2 根杏鲍菇切成均匀的粗条。
2. 撒 4 勺玉米粉。
3. 撒 2 勺帕尔马干酪。
4. 加入 1 小勺盐和 3 勺油拌匀，尽量让每一根杏鲍菇上都均匀蘸满玉米粉和干酪粉。
5. 烤盘涂一层油，均匀铺上杏鲍菇条。
6. 200℃烤 15 分钟后转 150℃烤 20 分钟。
7. 等到杏鲍菇条收缩变成金黄色即可。干酪粉和玉米粉融合，形成了一个薄脆的外壳，一口咬下去，杏鲍菇软韧，混着玉米奶酪的香气，可以当小食，也可以当聚会零食。

干酪杏鲍菇制作方法

Ⅳ
私房菜也家常
最是寻常好时光

避风塘风味鸡翅

“避风塘炒”是港式大排档中必有的特色菜式。避风塘本身是指渔船用来躲避风暴时的场所，一般设在海港港湾里，用防波堤构筑起一片躲避台风的水面空间。渔民将新鲜捕获的海产就地烹饪，慢慢形成了独特的“避风塘”风格。不同于追求生猛清淡的其他粤菜海鲜烧法，“避风塘炒”一定要用大量的油炸香蒜带出海鲜的鲜甜。如果说传统的粤式酒楼代表着正统的庙堂文化，那街角火光四起、把海鲜烧的干香四溢的大排档就是庶民的狂欢了。这道避风塘风味鸡翅借鉴了“避风塘炒”的味型，除了鸡翅，海鲜类的，比如螃蟹、大虾也都可以使用这种方法烹饪。

材料

鸡翅　干辣椒　花椒　油炸蒜酥　盐

步骤

1. 鸡翅 500 克切成 2~3 段，放入不粘锅，不加油干煎（图 1）。
2. 煎出鸡翅本身的油脂，这样鸡肉更干爽，鸡翅两面金黄后拿出备用（图 2）。
3. 锅中放一点油，可以把刚才煎出的鸡油也倒进锅中，放入干辣椒和 3 勺花椒小火煸炒（图 3）。
4. 等到辣椒表面有一点变棕色，倒入 50 克油炸蒜酥翻炒（图 4）。油炸蒜酥是闽菜、台菜里常用的配料，一般是蒜蓉加面粉和盐后油炸而成。使用油炸蒜酥可以省去自己炸蒜蓉的麻烦。
5. 等到辣椒、花椒、蒜酥的香气混合，倒入煎好的鸡翅，翻炒一下，加 2 小勺盐就可以得到蒜味浓郁、干香四溢却不油腻的避风塘风味鸡翅了（图 5，图 6）。

1 2 3
4 5 6

意大利猎人炖鸡

猎人炖鸡是在意大利流传很广的一道家常菜。传说是猎人打猎间歇用新鲜猎物随手烹煮的菜肴，也有说是猎人的妻子利用手边常见的食材创作的菜色。将多种蔬菜切丁、炒软，最终炖化成浓郁又清新的酱汁，用新烤出的面包蘸着吃最好。

意大利猎人炖鸡制作方法

材料

鸡腿肉　蒜　西红柿丁罐头　洋葱碎
胡萝卜碎　芹菜碎　波特红葡萄酒　罗勒叶　油

步骤

1. 锅中油烧热，3 块鸡腿肉鸡皮朝下放入锅中，煎至鸡皮焦脆。
2. 在锅边放入 2 粒大蒜，炸出蒜香。
3. 倒入切碎的洋葱碎、胡萝卜碎、芹菜碎，用锅中的油炒软。
4. 锅中倒入波特红葡萄酒。这种酒葡萄牙出产的最好，味道浓郁，度数比一般葡萄酒高，甜度也更高。如果使用普通红葡萄酒替代的话，要再放 1 勺糖来平衡味道。
5. 倒入 1 个西红柿丁罐头，也可以用鲜西红柿丁。
6. 加盖炖煮 15 分钟，直到锅中的蔬菜软化、融合。
7. 出锅前撒上新鲜罗勒叶。

咖喱猪蹄

港式咖喱更多是把咖喱当作一种惹味的香料。亚热带的湿热气候容易让人失却食欲，浓重的黄咖喱炖酥牛腩，或者是一碟咖喱鱿鱼，很适合用来当一顿深夜晚餐或是下酒小菜。这道咖喱猪蹄中油咖喱的炒法不添加椰浆，黄咖喱的辛烈正好解掉猪蹄的油腻，更偏香港口味。

材料

猪蹄　洋葱　黄咖喱粉　冰糖
八角　桂皮　香叶　酱油　盐

步骤

1. 猪蹄500克用水浸泡洗净，入锅焯水（图1）。
2. 捞出猪蹄用凉水冲净。
3. 1个洋葱切成小粒，锅中放油，将洋葱炒软（图2）。
4. 锅中放入1粒八角、2片香叶和1块桂皮，增加一点中式卤味进去。
5. 锅中调小火，放入5勺黄咖喱粉，用微微的火力逼出咖喱的香味（图3）。虽然直接用咖喱块更方便，但我还是推荐你用咖喱粉现炒来获得更纯正十足的咖喱味。
6. 往咖喱底中加入1小勺冰糖和3勺酱油（图4）。
7. 将猪蹄放入咖喱底中翻炒均匀，加足热水，水量盖过食材（图5）。
8. 大火煮10分钟，之后转为小火慢炖50分钟，直到可以用筷子轻松插入猪蹄（图6）。
9. 加入2小勺盐，大火收干汤汁即可。

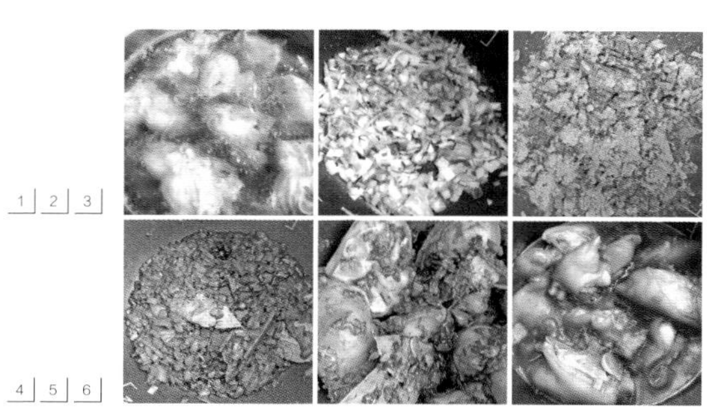

1 2 3
4 5 6

冷吃烤蔬菜

田园烤蔬菜是希腊名菜。地中海炙热的阳光，菜园里应季的蔬菜，一点橄榄油，一点香草，层层叠进烤盘，扔进柴火炉，慢烤几个小时。几片乡村面包配上凉了的烤蔬菜，很简单但滋味十足。夏天不愿做菜的时候，我就烤上这么一大盘蔬菜，放凉了吃味道最好。

材料

西红柿　土豆　青椒　蒜
黑胡椒碎　盐　番茄膏　油

步骤

1. 各食材备好（图 1）。切片、切丝。蔬菜分层放进烤盘。先用土豆片打底，铺上西红柿片，青椒丝，撒一些黑胡椒碎（图 2，图 3）。
2. 铺第二层蔬菜，撒 1 勺黑胡椒，2 粒蒜碎，均匀淋上 3 勺油（图 4～7）。
3. 将 3 勺番茄膏、1 勺盐用水调化后倒在蔬菜上，汤汁的量以刚刚覆盖最顶层蔬菜为恰当（图 8）。西红柿膏在中西餐中都有应用，尤其是在番茄口味的菜式中，几勺番茄膏会给菜品带来浓郁的番茄味，而且还有给菜品上色的作用。
4. 烤箱 150℃烤 1 小时，或者直到汤汁明显变少，顶层的土豆显出焦黄色。
5. 放凉后再吃，味道更浓郁，很适合夏天的一道菜。

麻婆豆腐

承认与否，川菜的麻辣口味随着一颗颗在口腔炸裂的花椒，或是让人汗流浃背、涕泗横流的潋滟红油，都影响了整一代中国人的味觉嗜好。很少有食物可以这样迅速、高效的让人达到热火朝天的境地。就像你灌下一短杯廉价威士忌，你知道这并不能逞全部的口舌之欢，但却独有其狂躁自在的乐趣。相对其他经典川菜，麻婆豆腐是看起来最简单但最不容易做好的那个。豆腐娇嫩，又性平无味。让豆腐成为浓烈鲜香的载体，远不是信手翻炒就能做得到的。但有了几种必备的食材，再学会几个小技巧，在家也可以做出专业水准的下饭神器——麻婆豆腐。

材料

嫩豆腐　牛肉末　青蒜　郫县豆瓣　辣椒段　辣椒粉　花椒粉
水淀粉　姜末　蒜末　盐　酱油　料酒　胡椒粉　香油

步骤

1. 先要选对食材。牛肉我喜欢带点肥膘，滋出的牛油香过植物油；花椒用大红袍；豆腐选用柔嫩但又略有弹性的石膏豆腐或是卤水嫩豆腐。类似豆腐花的那种极嫩的“嫩豆腐”用不来，经不起炖煮，汤汁一滚就碎了。
2. 100 克牛肉用刀手剁成碎。机器绞好的牛肉馅的确方便，但水份散失的厉害，肉香走失也多。锅中倒一点点油，放入牛肉碎，炸出牛油的香气（图 2）。我喜欢把牛肉碎炸的干干香香，最好咬起来已经有点牛肉干的紧实感。这种状态下的牛肉吸饱了浓郁的红油汤，泡在米饭里最香。
3. 川菜里爱用郫县豆瓣就像东北菜里爱用豆瓣酱打底，都是取酱香浓郁的底味，来烘托整道菜的味道。取 1 勺郫县豆瓣酱、1 勺姜末、1 勺蒜末，用来爆香锅底。把牛肉末推到一边，就着锅底的牛油，炸香郫县豆瓣酱、蒜姜末（图 3）。
4. 等到锅里的牛肉末、豆瓣酱、葱姜末已经洋溢着浓郁的香辣肉酱气息，加入切碎的 20 克干辣椒。我更喜欢在锅底加一些带籽的干辣椒粉，会有更多香辣的气氛。
5. 锅中倒入一些水，没过牛肉碎，小火烧滚。
6. 500 克豆腐切成方块，烧一锅沸水，加入小半勺盐。用盐水汆烫一下豆腐（图 4）。目的有两个：一是煮熟豆腐，去除豆腥味，后面调味、勾芡后很快就可以出锅，保证味道新鲜；二是加了盐的沸水会让豆腐更容易保持形状，不易破碎。这一步可以提前做好。等到牛肉碎煮软，将汆烫好的豆腐倒入锅底辣汤。
7. 提前调好料汁很重要。用事先准备好的料汁调味，可以快速成菜，味道比例也更容易掌握的对。用 1 勺酱油、1 勺料酒、小半勺胡椒粉、1 小勺香油调成一碗料汁。同时，按 1 勺淀粉配 1 勺水的比例调好水淀粉。

8. 倒入酱油混合料汁（图 5）。撒上 10 克花椒粉。用平底锅轻轻烘焙一下花椒会让香气更好散发出来。75 克水淀粉分两次倒入锅中。等到刚才倒入的酱油汁快要收干后，倒入一半的水淀粉。等到汤汁再次收干后倒入剩余的水淀粉（图 6，图 7）。

9. 将火力调小，太大的火力会让豆腐破碎。出锅之前撒一把切成段的青蒜苗（约 20 克），用炒勺的背面推匀（图 8）。

10. “麻、辣、烫、酥、嫩、滑、活”，是赞美一份完美的麻婆豆腐的七字真言。清朝时候的一道成都下饭菜，某种程度上却成了全体中国人背井离乡时的集体乡愁。而我最爱的，是配上油光锃亮的东北大米，泛着金光的米粒，用陶瓷勺子挖上一大勺烫的、辣的、麻的、咸香的、重口的、回味的麻婆豆腐，是一个人一盆豆腐两碗米饭的朴实美味。

酱香土豆炖牛肉

牛肋条　东北豆瓣酱

辣豆豉酱　蒜　八角

肉桂　葱　油

很多人学会的第一道肉菜就是土豆炖牛肉吧！炖到软烂的牛肉、土豆融化混进汤汁，浇在米饭上，一大口接一大口，捧着这一大碗土豆炖牛肉盖饭，所谓家的味道就是这样吧。选择牛肉的时候，可以选择牛肋条、牛腩或是牛腱子，牛腱子带筋的部分炖化成胶质，会让汤汁更浓稠。

步骤

1. 牛肋骨 500 克切成大小均匀的块，锅中油烧热，放入牛肉块翻炒（图 1，图 2）。
2. 等到牛肉表面变白，加入 2 勺东北豆瓣酱和辣豆豉酱翻炒，炒出酱香（图 3）。
3. 放入八角、肉桂、葱、蒜（图 4）。
4. 加没过食材的水，大火烧滚（图 5）。
5. 小火慢炖 40 分钟后，加入土豆块，炖到土豆变软即可。

1 2 3
4 5

黄油煎海鱼

我吃鱼的口味稍重。清蒸虽然最能保留海鲜鲜味，但若是每每吃鱼必豉油葱油清蒸，总还会有审美疲劳。况且，并不是所有海鱼都适合清蒸。对于油脂较重、腥气较大的海鱼，比如鲭鱼、鲅鱼、沙丁鱼，豉油葱油也压不住腥味。这时洋葱、香葱、柠檬就派上用场了。洋葱可以和黄油一起形成浑厚的酱汁，与味浓的海鱼平衡，同时柠檬清香给海鱼一点清爽的提升，临出锅趁着热气，撒一把小香葱，这道黄油煎海鱼才算完满。

海鱼　蒜　洋葱　香葱　黄油　柠檬　海盐

步骤

1. 海鱼洗净去除内脏，两面斜切两道直到鱼骨。
2. 洋葱和蒜切粒，撒一点盐，稍微软化两种食材，让风味更出来。
3. 锅中放油，将鱼两面煎黄（图 1）。煎到八成熟的时候把蒜碎、洋葱碎放入锅中（图 2）。
4. 加入黄油放在鱼身上（图 3）。
5. 锅调成小火，让黄油缓缓融化，和洋葱蒜碎形成黄油香蒜汁。
6. 加入 1 小勺盐。香葱的根味道更冲，放入锅中，不断把黄油汁浇在香葱根上来淬炼葱香（图 4）。
7. 把酱汁均匀浇在鱼的两面。之后就可以撒香葱出锅了（图 5，图 6）。
8. 切一角柠檬，吃之前挤一些柠檬汁。鱼肉细嫩，黄油酱汁浓厚的味道与鱼鲜融合在一起，蒜、洋葱、香葱根平衡了海鱼浓郁的滋味。柠檬带来清爽的味觉感受。其实这道菜更像是一道愉悦舌尖的清爽开胃菜。热吃冷吃都好。

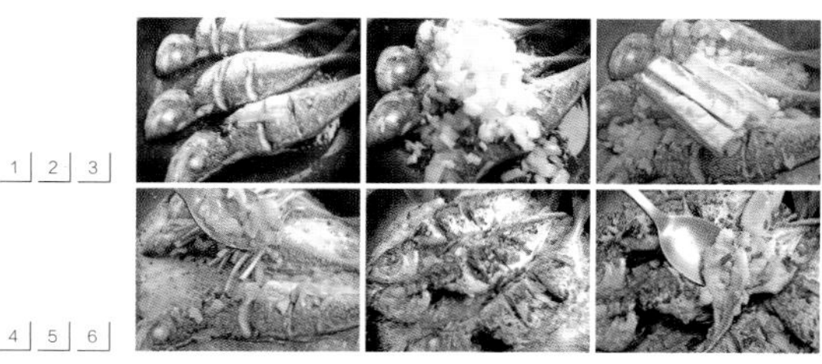

辣子鸡丁

材料

鸡胸肉　灯笼红辣椒　干辣椒
孜然　花椒　青麻椒
云南蘸水辣子粉　小葱　姜片

吃辣子鸡的乐趣是什么？当然是一边被辣的饶舌一边忍不住用筷子在辣椒堆里找鸡丁。为了家庭操作容易，同时也为了相对清爽的口感，我用干煎替代油炸来处理鸡肉。鸡胸肉料理不好容易显得味白发柴，但用重口味来烹饪的话却相得益彰，干柴的口感刚好适合搭配香辣味道，下酒是最好不过了。

重口味原料是成功的关键

步骤

1. 将鸡胸肉从侧面切开片成两片，切条后切成丁（图1）。
2. 不粘锅中不放油，放入鸡胸丁干煎。
3. 在锅中放入几段小葱，让葱香进入鸡丁（图2）。
4. 把鸡丁煎到两面金黄、干爽后取出备用（图3）。
5. 锅底放油，小火煸香灯笼红辣椒和干辣椒。
6. 放入姜片，花椒、青麻椒、孜然各放1勺，小火煸香香料（图4）。
7. 倒入鸡胸丁，大火翻炒（图5）。
8. 出锅前倒入云南蘸水辣子粉，翻炒几下后即可出锅。

1 2 3

4 5

腐乳猪蹄

材料

猪蹄　生抽　老抽　料酒　八角　肉桂
香叶　花椒　蒜　姜　腐乳

步骤

1. 锅中放冷水，下入 500 克猪蹄，敞着口煮 5～10 分钟（图 1）。焯水的时候一定要开着锅盖，因为我们希望不好地味道尽可能多地散发掉，盖锅盖的话会把杂质重新焖回去。
2. 猪蹄焯水后用温水清洗猪蹄。
3. 锅中放底油，放入蒜、姜、八角、香叶、肉桂、花椒小火炸香（图 2）。
4. 将香料拨到一边，加入两块腐乳，用锅底的香料油炸香（图 3）。
5. 腐乳香气出来后加入清洗好的猪蹄，翻炒均匀。
6. 倒入料酒，大火挥散掉酒气，可以去除猪蹄的杂味。
7. 加入 5 勺生抽、5 勺老抽，翻炒均匀后加水，水量没过食材，小火慢炖 1 小时。或者用高压锅，水加到食材 2/3 处即可，15 分钟后打开盖子，敞口再烧 15 分钟收汁（图 4）。无论哪种方法，最后收汁的时候都要时常翻动锅底，防止糊锅。
8. 出锅后可撒上一大把香菜，颤颤巍巍的猪蹄，软糯却不失嚼头，浓郁的腐乳和卤香味，蘸满汤汁，配米饭，好吃的嘴都被糊上了！

1 | 2

3 | 4

干煎一头大蒜鸡翅

虽然是北方人，但我吃不惯生蒜的呛人辛辣。可大蒜却是我使用最多的调味料，我喜欢被热油驯服后的浓郁蒜香。很难想象，一头普普通通、老老实实的大蒜，被油炸过后摇身一变成了台菜必用的芳香四溢的炸蒜酥。即便是海鲜烧烤，我也一定要加一勺的油蒜蓉。腌鸡翅的时候我放了整整一头大蒜，等等，请女士们别被吓跑，虽然放了不少蒜，但经过一夜腌制，蒜的刺激气味已经被黑胡椒和盐软化，再放到锅中油煎后，就只剩下迷人的蒜香了。

鸡翅　蒜　黑胡椒碎　盐

步骤

1. 大蒜 1 头压成蒜碎，放一点盐进去，可以让蒜油更快出来。
2. 在 500 克鸡翅中加入蒜碎，1 勺黑胡椒碎和 2 小勺盐，混合均匀，装进保鲜袋放入冰箱冷藏一夜。
3. 不粘锅不需要放油，将腌好的鸡翅放入锅中，小火慢煎，煎出鸡翅本身的油脂，直到两面金黄，用筷子插一下中央部分，流出的是清澈的肉汁就可以了。

1 | 2
3 | 4

“三杯”菜大概可以视作是厨艺入门者的福音。好记、好做、好吃。酱油、米酒和麻油的比例按照1：1：1配好，食材大火爆的差不多熟，倒入三杯汁。大量的米酒和麻油让三杯菜带着明显浓香味型的特点。有些老式台菜馆会先用麻油煸香切的薄薄的一大片老姜。奇妙的是，浸透了汤汁，连老姜都很好吃。

材料 鸡腿　老姜　蒜　三杯汁（1份酱油　1份米酒　1份麻油）

步骤

1. 鸡腿500克切成大小均等的块。
2. 油煸香50克老姜姜片，直到姜片被炸干变成棕色。
3. 放入3粒蒜粒，煎至两面金黄。
4. 倒入鸡块，煎到四面上色。
5. 倒入三杯汁，加盖大火煮至收汁。
6. 正宗台菜做法会在出锅前放入大量罗勒，兜炒几下即可出锅。

豆豉鲮鱼空心菜

豆豉鲮鱼罐头虽然可以被归为不宜多吃的方便食品一类，但时间紧凑的早上，或是不想费心思下厨的夜晚，一罐豆豉鲮鱼配白粥，让人吃得舒服、落胃。而“罐头”又是最容易被包装起来的乡愁。就像意大利人离不开罐装西红柿酱一样，中国人的胃口若是离了豆豉、豆瓣、辣椒酱这样的主角，恐怕也要失神一会儿。空心菜南方吃得多，用大量蒜粒和油清炒，是大排档一定有的的素菜。和意大利菜会用鳀鱼罐头做酱汁类似，我喜欢用豆豉鲮鱼罐头做底炒空心菜，让整道菜都染上浓浓的豆豉鲮鱼香味。

材料

空心菜　豆豉鲮鱼罐头　蒜　盐

步骤

1. 将豆豉鲮鱼罐头中的油倒入锅中，作为烹饪底油，这样可以最大程度体现豆豉鲮鱼的风味。如果想让味道更清爽，用等量的植物油替代就好了。炒空心菜，油越多越好吃。
2. 蒜 3 粒切成粒，用油煎香。
3. 大火烧热油，放入沥干的 500 克空心菜，翻炒三四下后加 1 小勺盐，全程大火，翻炒一分钟后立刻关火出锅。
4. 想让空心菜保持绿色，秘诀是大火快速翻炒。从把空心菜放入锅中到出锅不超过 1 分钟为佳。

沙嗲海鱼

我第一次吃到沙嗲（Satay）是在纽约皇后区一家叫作“好味”的马来西亚小店。虽然店面小到不起眼，但却是那附近食客评价最高的亚洲餐厅。浅黄色的招牌，用红色的中英文字体简洁地写着“好味”，窗口贴一张吉隆坡双子塔的照片，透漏着十足的自信。那是一片亚洲移民杂糅的生机勃勃的社区。东亚、东南亚风格的菜式潜藏在街头巷陌，让我恍惚自己已经不在纽约。马来西亚风格的沙嗲味道偏甜、花生味重，用来搭配新鲜烤好的肉串，与品尝中式烧烤的体验截然不同。而我尝过一次之后，就迷上了沙嗲味浓香甜的醇厚滋味。作为一种口味稍重的调味料，花生沙嗲酱可以和肉类完美结合。除了常见的鸡肉、牛肉，用来搭配小海鱼做成小菜也不错。

小海鱼　花生沙嗲酱　海鲜酱

港式香辣爆炒酱　油　生抽

步骤

1. 海鱼洗净后沥干。
2. 锅烧热，多放些油，放入鱼炸到两面金黄后取出备用（图 1）。
3. 锅底放油，放入 1 勺花生沙嗲酱、1 勺海鲜酱、1 勺港式香辣爆炒酱，小火炒香（图 2）。
4. 往锅中倒入 3 勺生抽，炒匀成酱汁（图 3）。
5. 倒入海鱼，少放一点水，之后大火收汁，让酱汁裹住海鱼即可（图 4）。

蘑菇酿牛肉

波多黎各菌（Portobello mushroom），体型硕大（最大直径 20 厘米），烹饪好后，像肉厚多汁的牛排，故俗称“大牛排菇”，因为有浓郁的蘑菇香味和扎实的口感，所以常被用在烧烤或汉堡里，既有绝妙的口感，又是很健康的饮食搭配。但其实这种蘑菇并不是什么“最新物种”，我们更熟悉的是它的“幼年版本”，即意大利菜里常用的纽扣菇（Crimino，又称双孢蘑菇）。1980 年代的时候，欧洲的蘑菇种植者不得不把大牛排菇丢掉，因为大家的口味明显只接受小个儿的纽扣菇。为了开拓市场，种植者们开始用波多黎各菌这个新名字称呼这种长大了的纽扣菇。虽然没有了纽扣菇细嫩的口感，但因为成长时间久，所以大牛排菇的肉更厚，汁水更足，蘑菇味也更浓。如果不方便买到这种蘑菇，使用香菇也可以。

波多黎各菌　牛肉　酱油 2 勺　淀粉　黑胡椒粉　糖

步骤

1. 波多黎各菌 200 克洗净后去除蘑菇梗。
2. 切成薄片的 100 克牛肉用 2 勺酱油和 1 勺淀粉腌好（图 1，图 2）。
3. 把牛肉“酿”在大牛排菇上，用力压实（图 3）。
4. 用油大火先煎肉面 3 分钟，再翻面煎蘑菇面 3 分钟（图 4）。
5. 酱油、黑胡椒粉、糖按照 1：1：1 的比例，混合均匀做成黑椒汁（图 5）。
6. 将黑椒汁倒在蘑菇上，加盖小火再焖 2 分钟（图 6）。戳一戳肉的部分，只要有清澈的肉汁流出的时候就好了。

三杯杏鲍菇

杏鲍菇　老姜　蒜　青红辣椒

三杯汁（1 份酱油　1 份米酒　1 份麻油）

步骤

1. 将杏鲍菇 200 克切成滚刀块。
2. 用油小火煸香 50 克老姜姜片，直到姜片变成红棕色（图 1）。
3. 放入 3 粒蒜粒，煎至两面金黄。
4. 将杏鲍菇倒入锅中，煎至金黄（图 2）。
5. 酱油、米酒、麻油按照 1∶1∶1 的比例做成三杯汁（图 3）。
6. 将三杯汁倒入锅中，加盖大火煮至收汁（图 4）。
7. 将青红椒切成段加入锅中，大火翻炒一下即可出锅（图 5，图 6）。

1 2 3
4 5 6

暖炉麻辣牛羊锅

伟大的城市有伟大的味觉符号。如同到了香港不吃烧味、到了纽约不吃披萨，到了北京不在忒冷的天儿支个锅子涮羊肉，你就对不起这四九城儿胡同里摇摇晃晃的车铃，与青天下的训鸽儿，还有那清冷肃杀的故都的冬。北方的菜场，带着一股从泥土里泛出的糙劲儿。质朴可爱的、生动的、恨不得和你蹲在马扎上就着麻小儿干掉一整瓶牛栏山二锅头。大葱被稻草绳绑着，支棱着，葱是山东的葱，供养了北方人的胃。杭州的冬天没有雪，冷却照旧。躲在屋子里，做一份打败冬天的暖炉麻辣牛羊锅吧。

材料

羊排　牛胸骨　沙茶酱　郫县豆瓣酱　麻辣豆豉酱　八角
白芷　香叶　白蔻　小茴香　麻椒　肉桂　花椒　青麻椒
香菜籽　生抽　红烧酱油　姜　山奈　孜然粉

步骤

1. 羊排和牛胸骨各500克泡凉水，中途换两次水，把血水都置换出去。
2. 锅中放冷水，放入牛羊肉焯水，捞出洗净。
3. 将肉类和2粒八角、3片香叶、2粒白蔻、2粒白芷加入盖过食材的水，高压锅煮20分钟到八成熟（图1，图2）。香料的话，八角香叶基本款不消说，白芷和白蔻，让你的出品有一种“秘制”的味道。
4. 锅底放油，姜拍碎放入锅中，接着放入郫县豆瓣酱、麻辣豆豉酱和沙茶酱炒香（图3）。郫县豆瓣和麻辣豆豉都是川味的咸辣酱，用来做锅底最适合。沙茶酱用的是汕头式，花生味重而甜，与重咸鲜的粤式沙茶酱不太一样。
5. 接着放入肉桂、麻椒、花椒、香菜籽、白蔻、小茴香、八角、山奈（图4）。记不住这么多的话，八角肉桂小茴香必须要有的。
6. 将牛羊肉放入锅中，和酱料炒匀，倒入2勺生抽、2勺红烧酱油（图5）。
7. 临出锅，撒上一层孜然粉（图6）。撒粉后关火，用余温激发出孜然香气就足够。
8. 将炒好的牛羊肉放在卡式炉上。先吃肉，之后再加原汤，可以涮其他食材吃。有这道牛羊肉的陪伴，没有暖气的南方的冬天，又能怎样呢？

1 2 3
4 5 6

干烤手撕杂菇

这道菜是“干酪杏鲍菇”的第二代版本。与干酪杏鲍菇近似膨化食品的味道、口感不同，这道手撕杂菇骨子里就带着清淡的趣味。整个制作过程我只用了一勺油，用烤箱的热力把蘑菇中的水分烘干，成品鲜美而有嚼劲。

杏鲍菇　香菇　白玉菇

黑胡椒碎　酱油　香菜碎

1. 将蘑菇洗净沥干，撕成宽度一致的长条状（图1，图2）。
2. 加入1勺油，2勺黑胡椒碎，3勺酱油拌匀（图3~5）。
3. 烤盘中垫上油纸，将调好味的蘑菇均匀铺开。也可以平铺在不粘锅上慢慢烘干（图6）。
4. 吃之前撒香菜碎。

渔人晚餐

“你得在冬天的冰湖面上钓鱼，哪怕一整天都一无所获，但回家之后你的心依然平静。”我一直有过类似的打算。回老家，找一间乡下的林中小屋，生火做饭。或者在冻得极寒的天气里，拎着折叠椅，裹着厚实的羽绒服，连头都包起来的那种，坐在河中央垂钓。去年读过一本书，《在西伯利亚森林中》。东北的林地和西伯利亚的景观有一丝相近，肯用心找，还是能找得到安静的深山老林。能不能去是另一回事了。鱼竿到香港后还没用过。起了个大早，迎着初生不久的太阳，海钓。布置妥当，上不上鱼不是首要关切，带一本最近读的书。海边坐了几个小时，没有渔获是早就料到的。那就去大埔街市林记点心喝早茶罢，之后顺道逛逛鱼市，以金钱作等价交换，佯装市场里的“渔人”。

材料

鲅鱼　海虾　海杂鱼　蒜　威士忌　粗盐
酱油　黑胡椒　菠菜　土豆　洋葱

步骤

1. 鲅鱼切成厚片，撒上粗盐腌一下，肉质更紧实（图 1）。海杂鱼剞花刀（图 2）。
2. 腌好的鲅鱼片入油锅煎。油里放一瓣蒜同煎，让油变成蒜油，浸润鱼肉。煎到两面金黄，肉有点发脆发干，最完满的口感就到了。同样的方法煎好海杂鱼。煎好后放一边静置（图 3，图 4）。
3. 虾身切开，撒一点蒜粒，放入锅中油煎，加一点威士忌和酱油调味，撒黑胡椒（图 5，图 6）。
4. 土豆带皮煮可以保存更多风味。煮软后剥皮。
5. 油煎香蒜和洋葱，加入切碎的菠菜，炒软后将煮好的土豆放入锅中捣碎（图 7～9）。
6. 加一点煮土豆的水和盐，把土豆泥搅到合适的顺滑程度，我喜欢留一点没被压碎的小块（图 10）。
7. 最底层放菠菜土豆泥，将海鱼、海虾垒起来即可出菜。

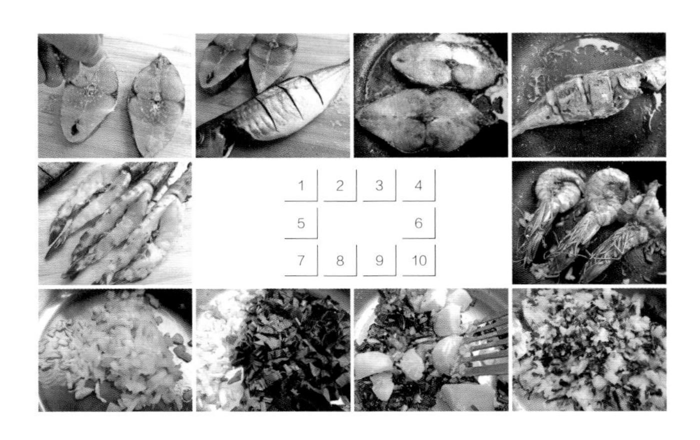

在纽约海鲜市场，找到灵魂

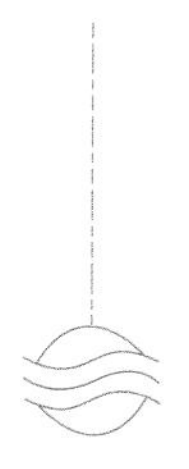

英国广播公司（BBC）的电视名厨里克·斯坦（Rick Stein）在西班牙录节目，逛着堆砌海水味的海鲜市场，他说，爱海鲜的人似乎总是比不爱的人快乐那么一点点。也许？

我放松自己的方式蛮有趣的。我会去超市，分门别类地浏览商品（当然食物居多）。眼睛贪婪地在货架上拖泥带水，偶有霎时间的停顿定睛，那是我找到了令我兴奋的东西。

我会草草走过蔬菜瓜果，之后便长时间凝滞在海鲜和肉类的区域。我不知道爱料理的人是不是都有这样的心理本能期待？渴望着用最炽烈的铸铁和火在赤红的肉上留下焦化的烙痕？或是蜻蜓点水、不留痕迹地吊出一锅海鲜的鲜味？带着一点大隐隐于市的趣味。

千里马常有而伯乐不常有。在纽约的海鲜市场，也是这样吗？

逛海鲜市场，和逛悬挂着罗斯科、毕加索、达利的美术馆给我的心碎体验是一样的。这里的心碎是善意的，是那种，你看到墙上的罗斯科用黑洞一点一点把你撕碎，同时像是一台静音的吸尘机，把你缓缓地吸进画面。

大眼鲷，广东人称作“大眼鸡”。红得像海洋馆的座上宾。鲭鱼是我餐

桌上的常客。不过在北京，或是在东北，见到的都是冻货，以至于当我吃到饱含肉汁的鲭鱼肉时，之前二十多年对鲭鱼肉质的评价都瞬间崩塌。对于海鱼来说，澄澈的鱼眼，透着金属光泽的皮肤，永远是新鲜的同义词。

三条海鱼，加些姜丝，一点酱油、料酒，简单上锅蒸就好了。鲭鱼油脂丰富，适合火烤。我没有吹着海风的炭火炉，就用烤箱罢。细细的撒一层盐。加一点油润湿，之后进烤箱 20 分钟。黄色的石螺，黑色的海虹，清洗干净后加水煮，不用加盐，它们自己的咸味就足够。而煮贝类的鲜汤，才是完完全全的精华。沉淀一会儿后，倒在碗里。底层的渣滓弃之不要。煮贝的鲜汤，加一点奶白菜。中国人哟，这嗜爱汤汤水水的胃。那么一顿海鲜盛宴就开始吧？扒几颗海虹放在汤面里。再配上那条刚刚烤好、迸着肉汁的鲭鱼。

如果说我对纽约有一百分满意，那这顿海鲜一定占了五分。我在海鲜市场找到了灵魂。

秋葵烘蛋

煎蛋饼总也不会太难吃。榨菜切的碎碎的，混到蛋液里，多油猛火煎，成品酥脆带着鲜美的汤汁；或是调好糖醋汁，将煎好的蛋饼扔进去历练一下，沾满了浓郁糖醋味道的蛋饼，配米饭，一碗是肯定不够的。或是走清新风格，做一份颜值在线的秋葵烘蛋。

秋葵烘蛋制作方法

材料

秋葵200克　鸡蛋3个　油　盐　芝麻　酱油

步骤

1. 秋葵200克横切成片（图1）。
2. 3~5个鸡蛋打成蛋液，加1小勺盐，放入秋葵片（图2）。
3. 平底锅放油，将秋葵蛋液倒入锅中，小火慢煎（图3）。
4. 盖上盖子，用最小的火，慢慢把蛋饼烘熟。这种做法无需翻面，底层是煎蛋饼般焦脆的口感，顶层则是被蒸汽蒸熟的软嫩口感，小火慢烘使得蛋饼紧实弹牙。
5. 吃的时候撒上芝麻，淋几滴酱油。

1 2 3

大小聚会教科书

呼朋引伴宴客菜

咖喱海鲜鸡

咖喱最早由印度人带到中国香港，之后演化成为重要的香港菜式。咖喱辛香浓烈的口味尤其适合在暑热的天气下激醒味蕾。“薯仔咖喱鸡”是最著名的港式咖喱菜，几乎所有香港餐厅都会供应。虽然把咖喱鸡和海鲜放到一起的并不多，但一鲜一香搭配在一起，一定会改变你对咖喱“重口味”的故有印象。在咖喱菜式中使用柠檬叶是我在东南亚旅行时学到的方法。咖喱浓重的味道被清新的柠檬叶轻轻带起，与最后才加入的椰浆相呼应。

材料

鸡边腿　海虾　蒜　洋葱　土豆
咖喱粉　小鱿鱼　蛤蜊　椰浆　盐

步骤

1. 锅中放油，1 个鸡边腿鸡皮朝下放入锅中煎（图 1）。
2. 等到鸡皮中的油被煎出来、鸡皮上色后，取出鸡肉放到一边（图 2）。这时的鸡肉内部还是生的，不过没关系，这一步我们只是想煎出鸡油，并给鸡皮上色，后面还有炖煮的过程。
3. 往锅中加入切碎的洋葱丁和蒜，炒到洋葱变透明（图 3）。
4. 锅中加入 500 克海虾，煎到虾身变红、虾头发白（图 4）。
5. 关火，往锅中加入 3 勺咖喱粉，关火是为了防止锅中温度太高烧焦咖喱粉。
6. 加入没过食材的水，放入切块的鸡腿，加入土豆块（图 5）。
7. 大火炖煮到鸡肉和土豆变熟，加入 500 克小鱿鱼。
8. 将柠檬叶卷起来，用手揉搓，更有利于香味精油的挥发。将柠檬叶放入锅中。
9. 把用清水浸泡过的 1000 克蛤蜊放入锅中（图 6）。
10. 等到蛤蜊开口，倒入 200 毫克椰浆，调入 4 小勺盐，微微搅拌后，即可关火。

1 2 3
4 5 6

北京烤鸭

母校中国传媒大学（广院）有几种食物最出名。一是食堂的肉饼。20 世纪 80 年代被食堂师傅创造出来，上学时每根六毛钱，两根管饱一上午，这是广院人的共同记忆；还有就是入学第一天在国交餐厅和父母一起吃的北京烤鸭。据说烤鸭师傅从全聚德“毕业”而来。一只鸭子，片出一盘脆皮，一盘带皮的肉，配葱丝、黄瓜丝、甜面酱卷出一个个鸭卷，鸭架和白菜烧出奶白色的鲜汤。到今天我仍对那顿烤鸭记忆犹新。大概因为那是一种夹杂着新生入学的紧张与新鲜、充满期望却又惴惴不安的复杂情绪。等到亲手尝试做一只烤鸭的时候我已经身处美国。超市里卖整鸡的多，卖整鸭的却屈指可数。有一天去亚洲超市闲晃，发现了这种美国饲养、中式修整的整鸭。虽然比不上金星鸭、樱桃谷、四系填鸭、酥不腻等北京烤鸭专用鸭坯，但能在异国他乡吃上烤鸭，也是一件解乡愁的事了。

材料

烤鸭专用鸭坯　沸水　蜂蜜　醋

水　面粉　油　甜面酱　葱丝　黄瓜条

步骤

1. 想要得到脆皮，烤鸭店里的做法是通过往鸭皮、鸭肉之间打气来实现皮肉分离。扎紧切口后，吹得鼓鼓的烤鸭在炉内受热，鸭皮被烘得酥脆。这样的操作在家比较难实现，但还是有一些方法可以做出不错的脆皮。鸭子清洗干净后，烧一壶热水浇在鸭皮的每一个角落。鸭皮受热收缩，这是塑造酥脆外皮的第一步（图 1 ）。
2. 用蜂蜜、醋、水按照 1：1：5 的比例调成脆皮糖醋水，涂抹在鸭身上，总共 2～3 次（图 2）。这一步被称作“打糖”。这样操作，一是有利于脆皮形成，二是能够烤出枣红色泽。
3. 找一个足够高的瓶子，将鸭子架在瓶上风干，大概需要 7 个小时（图 3）。这一步的目的是让鸭皮风干，摸起来有点像纸，烤出来的鸭皮更脆，同时还可以去除鸭腥味。
4. 北京烤鸭分为挂炉烤鸭（全聚德）和焖炉烤鸭（便宜坊）两种风格。挂炉烤鸭以梨、枣木为燃料明火烤制，烤时用挑子随时给鸭身换位使受热均匀，因明火火力旺，鸭身下脂肪融化，烤出的鸭皮较干脆；焖炉烤鸭的炉门封闭，以炉壁余温烤制，由厨师掌握火候，烤出的鸭子皮肉相连，肉质更为蓬松。自己在家操作的话，风干后的鸭子把易焦糊的地方包上锡纸，烤箱大火 200℃烤 1 小时，中途翻身，直到颜色深红（图 4）。
5. 中途用勺子把烤出的鸭油浇在鸭身上，有利于加深颜色、形成脆皮。
6. 鸭子在烤箱里时，做一下鸭饼。面粉和沸水按 5：4 的比例，将热水倒进面粉里，同时用筷子搅拌到出现小粒。这样的做法叫“烫面”，可以让饼更软（图 5，图 6）。

7. 等面团稍凉后揉成面团，分成若干圆饼，两个一对，其中一个中心涂油，另一个上面撒面粉，两个面饼压在一起，把边缘封紧，擀成薄饼（图 7，图 8）。
8. 平底锅中放少量油。因为面饼中间涂了油，烙的时候会自动分成两片。
9. 片鸭肉的时候尽量让每一片都有皮有肉。
10. 甜面酱上锅蒸 10 分钟可以去除豆腥味。吃的时候在鸭饼上涂一层甜面酱，放两片鸭肉，一点葱丝、黄瓜，就是完美的北京鸭卷了。

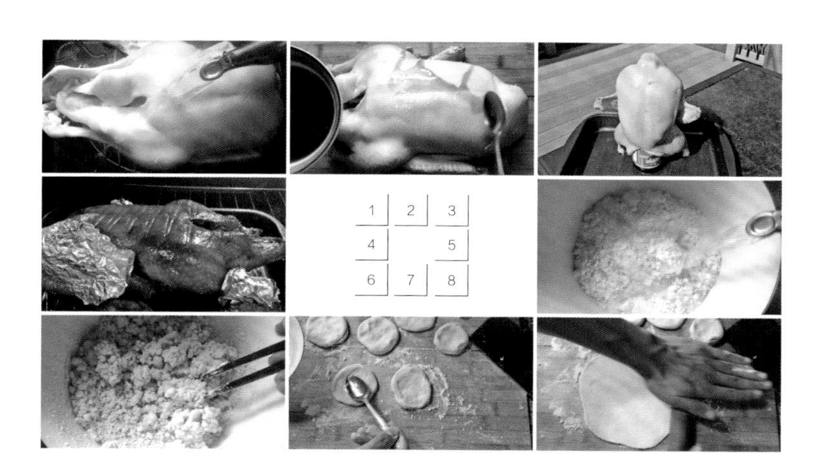

五香嫩烤羊排

西式烤肉讲究“生肉慢烤”。一整块羊肩，用迷迭香、大蒜、百里香、罗勒、橄榄油涂好，深烤盘里加一罐麦香啤酒，大烤炉150℃慢烤4个小时，直烤的肉嫩脱骨。中式烤肉对直火用的更多，大块的肉粒穿串炙烤，油脂噼啪作响，滴落到热炭上，升起迷人的烟熏味道。有很长一段时间，受制于客观条件，“烤”这项烹饪技法与普通中国家庭渐行渐远。不过随着家用烤箱的普及，很多中式风味的烤菜慢慢回归餐桌。烤箱菜的关键是既做出炙烤的脆皮感，又能保证内里的水润多汁。想达到这种效果，最费力的方法是先加盖锡纸低温慢烤几个小时，最后去除锡纸，高温烘脆外皮。我自己常用另一种更家常、更省力的方法，首先用高压锅加少量水将肉煮到八分熟（用筷子可以插入），调味后放入烤箱烤20分钟，就能得到外脆内软的效果。

材料

羊排 1000 克　土豆　香叶　黑胡椒（粒和粉）
孜然　芝麻　蒜　辣椒粉　豆瓣酱　酱油

步骤

1. 锅中放冷水，放入 1000 克羊排、黑胡椒、香叶，水量刚没过食材即可（图 1）。
2. 如果是用普通汤锅煮，大火烧开后小火慢炖 1 个小时；如果是用高压锅，冒气后 20 分钟即可（图 2）。
3. 将黑胡椒粉、孜然、辣椒粉、芝麻、蒜末、豆瓣酱各 1 勺混合均匀，加入 3 勺酱油调成糊状（图 3，图 4）。
4. 将酱料均匀涂抹在羊排上（图 5）。
5. 两个土豆切块煮熟铺在烤盘，将涂抹了酱料的羊排放在土豆上，220℃烤 20 分钟即可（图 6）。香料粉受热容易变焦，在羊排表面加盖一层锡纸，可以防止表皮焦糊。

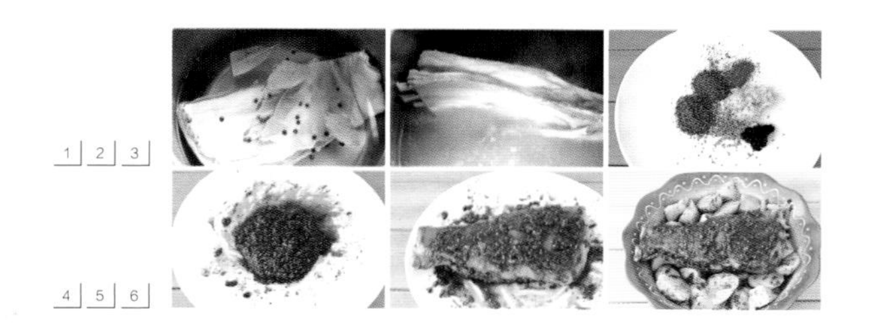
1 2 3
4 5 6

梅菜扣肉

材料

猪五花肉 500 克　梅干菜

八角　糖　葱段　姜片

花椒　料酒　生抽　老抽　油

步骤

1. 将猪五花肉 500 克冷水入锅，放入姜片、葱段、1 小把花椒、3 勺料酒大火炖煮，直到用筷子可以微微费力地插入（图 1，图 2）。
2. 将五花肉取出稍稍晾凉，在猪皮上用叉子戳一些孔。倒一点老抽涂抹，使五花肉均匀上色（图 3）。
3. 锅中油烧热，猪皮朝下将五花肉快速放入锅中后马上盖锅盖。这一步一定要小心操作，因为五花肉上还有水分，所以会溅油，要小心被烫伤（图 4）。
4. 听到锅中噼啪声变弱，打开锅盖，这时五花肉上的水分已经基本消失了。将五花肉翻面，肉面朝下，同时不断用铲子将油浇在猪皮上，促进猪皮进一步变脆（图 5）。
5. 等到猪皮已经变白膨化，盆中放冷水，立刻将炸好猪皮的五花肉放入水中（图 6）。你会听到呲啦的声音，刚刚炸膨的猪皮遇冷水变形，形成虎皮般的花纹。
6. 将五花肉切成大薄片，码在盆里（图 7）。
7. 梅干菜 300 克用清水泡洗两次后沥干，锅中放一点油倒入梅干菜翻炒，加入 3 勺糖，倒入微微没过食材的清水，将梅干菜烧软。
8. 大火收干梅干菜的汤汁，将梅干菜放入已经码了肉的盆中压实，顶上放 2 粒八角（图 8）。
9. 用 3 勺生抽、3 勺老抽调成混合酱汁，倒在梅干菜上。大火蒸 20 分钟，直到五花肉和梅干菜的味道融合。
10. 将盘子扣在盆上，用手捏住边缘快速倒转，就能得到翻转后的梅干菜蒸肉了。

1 2 3 4
5 6 7 8

溜鱼块

“溜”是鲁菜的重要技法，通常指把食材炸制后，调制芡汁淋于食材上。对我来说，“溜菜”也是最传统的家的味道。爷爷辈从山东迁徙到东北，几十年过去了，还保留着“关内”的口味嗜好。过年过节家中聚餐，一定要有几道溜菜。现在的东北名菜“溜肉段”也正是这种溜菜文化的代表。这道溜鱼块是我过年回家时复刻的“老味道”。提前把食材炸制好后，放置一边，等人来齐了再进锅“溜”，能够保证热气腾腾的出菜，可谓是大型宴请时的绝佳选择。

材料

鱼柳　姜片　淀粉6勺　八角　植物油
料酒　酱油　糖　葱　姜末

步骤

1. 将鱼肉片下，切成长条状的鱼柳（约500克），再改刀成方形鱼块，撒胡椒粉（图1）。
2. 鱼块中加入姜片，倒入3勺料酒抓匀，去除鱼腥（图2）。
3. 加入4勺淀粉，用手抓匀，使鱼块表面有粘稠感（图3，图4）。
4. 油锅烧热，七成油温的时候放入鱼块，炸制第一遍，这一步是为了让鱼块初步定型，等到表皮变硬后捞出控油。
5. 油锅烧到八成热，放入鱼块炸制第二遍。这一步是为了让鱼块的表皮更酥脆，同时保证内部熟透。等到鱼块表面变得金黄，捞出备用（图5）。
6. 锅底放一点油，爆香葱姜，加入八角，香味出来后倒入5勺酱油，1勺白糖快速炒匀（图6）。
7. 将炸好的鱼块放入锅中，让汤汁包裹鱼块（图7）。
8. 在小碗中放入2勺淀粉，同时加入2勺水，搅拌成芡汁，倒入锅中。
9. 大火收汁，翻炒均匀，等到芡汁油油亮亮的挂在鱼块表面上，就可以出锅了（图8）。
10. 这道菜是典型的鲁菜咸鲜口。如果用里脊肉替代鱼肉，料汁里不放糖，就是名菜溜肉段了。

意大利千层面

我一直觉得千层面和饺子之间有一种神秘的相连。也许是方方正正的千层面皮呼唤起了我对饺子馄饨的记忆，总之每次吃千层面都有一种熟悉的北方感觉。而且我愈发喜欢上了一个人待在厨房，熬一锅红酱，之后像建筑工人一样将食材重重叠叠地组合起来。怎么才能让千层面更好吃呢？肉酱再多一点吧，芝士再多一点吧，火力再旺一点吧。直等到最顶层的奶酪丝融化，开出诱人的棕花。

材料

意式牛肉红酱　千层面皮　奶酪

帕玛森干酪　香草（罗勒　欧芹　牛至）　盐

步骤

1. 准备好 500 克意式牛肉红酱。
2. 用水浸泡一会儿千层面面皮（9 片），给脱水的意面重新喝饱水，煮时更容易煮好。
3. 水中加 2 勺盐，放入泡白的面皮煮，煮到面皮中心还有硬芯。
4. 烤盘底部铺一层面皮，铺一层肉酱，撒一层混合奶酪丝（300 克），撒一点帕玛森干酪（100 克）。像这样垒起来一共三层，在最后一层顶端铺满肉酱，撒更多的奶酪丝和干酪（图 1～3）。
5. 将烤盘放入烤箱，200℃烤 30 分钟，或者直到顶层奶酪融化，并冒出焦黄色的泡泡（图 4）。
6. 烤好之后不要马上切，放凉一下味道更融合，也更好切。
7. 将千层面切成正方形，在顶端放上香草，就可以趁热享用了。

1 | 2

3 | 4

豪爽宽面大盘鸡

材料

黄油鸡　土豆　青红椒
洋葱　郫县豆瓣酱
蒜　姜　酱油
啤酒　冰糖　桂皮
八角　香叶　黑胡椒
青麻椒　面粉

给大学室友发微信："忽然想起学校东门的那家大盘鸡。尤其是用宽面蘸土豆融化后带着鸡味和香料味的汤汁。"很多人应该都会有类似的味觉感受。偶尔几次从食堂的叛逃，又恰好遇上了好吃的食物，便总在毕业后念叨起当时的味道。大盘鸡起于草野，也兴盛于草野。某一次在一间冠冕堂皇的店吃了精美盘碟端上的一份"大盘鸡"，能看得出用心，技艺也不差，可总是差那么点意思。差的意思在哪呢？鸡要肉厚，汤要浓宽，辣椒多些不怕，尤其是垫底的手扯宽面，一股脑浇在硕大而无华的白瓷盘上，三五爷们儿，呼朋引伴，一口啤酒，两口鸡肉。香港未曾见大盘鸡踪影。馋得无以复加，揭竿起义，和面斩鸡。

步骤

1. 制作大盘鸡，要选用肉厚、鸡味浓的品种。清远鸡、黄油鸡、三黄鸡都可以制作。把鸡切成大小相仿的块，这样入味更均匀。
2. 一点热油，放进冰糖炒糖色。糖色一方面会让鸡肉上色更红润好看，另一方面也会给汤汁添一点微甜的味道。小火炒到冰糖融化，颜色变深，开始冒细小的泡沫就好了（图 1）。此时一定要注意小火，一旦烧过了发黑，就变苦了。

3. 鸡肉进锅，快速翻炒，直到鸡皮微微上色（图 2）。
4. 将鸡肉拨至一边，加入 2 勺郫县豆瓣酱和葱姜蒜、桂皮、八角、香叶、黑胡椒、青辣椒，用锅中的油炸香（图 3）。
5. 翻炒均匀，加一点白酒，大火挥发掉酒气。
6. 紫皮洋葱切成宽条下锅，炒到洋葱变软（图 4）。
7. 加入一整罐啤酒，用大火散去酒气。加入切块的土豆，盖上锅盖，中火炖 20 分钟。
8. 土豆软后，加入青红椒快速翻炒，大盘鸡就做好了。
9. 制作宽面，200 克高筋面粉中一点点加入水，同时用筷子顺时针画圈。面粉呈现絮状后用手揉成团（图 5）。
10. 做宽面和的面要稍硬一点，所以控制好水量。面团揉好后静置 15 分钟。
11. 将面团揉成长条，切成等份，用手拉扯成宽面（图 6）。
12. 热水煮面，煮好后过一下凉水，更清爽。
13. 将大盘鸡连着汤汁直接倒在宽面上，开吃（图 7）！

1 2 3 4
5 6 7

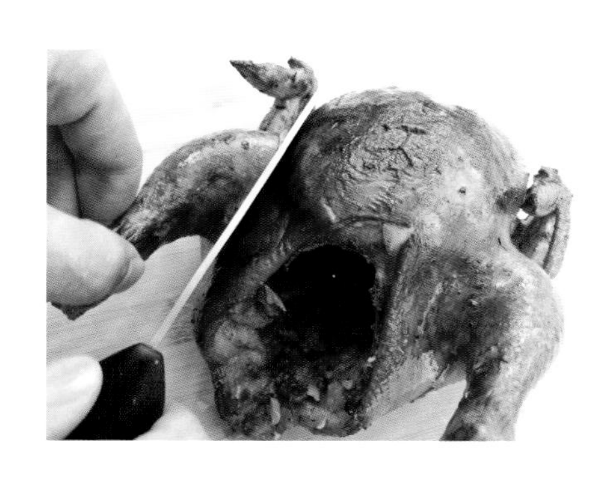

圣诞节日烤鸡

进了 12 月，香港便早早地切换成了圣诞模式。即便是严肃的图书馆，也立起了高大的圣诞树。香港中文大学半山腰的百佳超市播放着轻快的圣诞金曲，推着车在货架间穿梭，脑袋里自然想的都是欢乐的事。超市里硕大一只的烤火鸡要七百元，可我在想，吞下这只巨石状的大鸟到底要几天。我倒是很喜欢圣诞烤鸡。有气氛，做起来却又简单。尤其适合和朋友的圣诞聚会。调好味道，扔进烤箱，中途查看几次就好。

材料

鸡　橙子　黄油　蒜　培根　红薯　黑胡椒　酱油　油　粗盐
混合西式香料（罗勒　牛至　百里香　迷迭香　欧芹）

步骤

1. 准备好各材料（图 1）。选用 1000 克左右的鸡，大小正合适。太大呢不入味，太小又很容易烤干。
2. 在鸡身内外涂匀一层粗盐和黑胡椒碎。内腔的调味要重一点（图 2）。
3. 橙子榨汁橙汁和酱油按 1∶1 的比例调成酱油橙汁（图 3）。酱油有上色和调味的作用，而橙汁的果糖也会在烤制时变成漂亮的棕色。橙汁的清新味道也会让鸡肉更轻盈。
4. 用刷子给鸡身均匀地涂酱油橙汁。稍干后再涂一次，总共涂三次（图 4）。
5. 找一个勺子，用勺背，从鸡脖颈处的皮塞进去，慢慢来，直到鸡胸上的皮和肉分开（图 5）。通鸡皮的时候不要完全通开，保留一点皮肉相连，稍后我们往鸡皮底下塞香料黄油的时候才不会流出来。这样处理后更容易得到脆皮，同时鸡肉也将更入味。
6. 黄油在室温下放到变软，但仍保持固体状态。将干的罗勒、牛至、百里香、迷迭香、欧芹各 1 小勺与 30 克黄油混合成香草黄油（图 6）。
7. 将调好的香草黄油用勺子塞到鸡皮下面。都塞进去后用手按压均匀（图 7，图 8）。一会儿烤制的时候，香草黄油在里面滋润着最不容易入味的鸡胸，同时也保持着鸡肉的多汁。
8. 接下来我们做填充馅料。美国家庭烤火鸡的时候会往肚子里填上调过味的馅料。我这里做一下改动，制作培根红薯馅料。培根切小粒，和蒜一起入油锅小火炒香。两个红薯切小块，放入锅中小火炒。
9. 炒到红薯变色，加一些黑胡椒。做馅料的好处是一只烤鸡主食和菜都有了。红薯也可以用土豆替代。不过我总觉得红薯更有圣诞气氛一些。炒好的馅料填进鸡肚子里（图 9）。

10. 等到馅料已经塞满，用一片橙子封住开口（图 10）。一方面封住里面的热气，另一方面橙子本身的汁水也会从内而外滋润烤鸡。

11. 鸡翅尖容易糊，用锡纸包好，鸡胸肉厚，朝上放置。为了防止出现表层上色严重而内部却没熟的情况，用锡纸整体包住烤鸡，既能控制上色程度，也更有利于保存汁水（图 11）。

12. 整体烤制约 1 小时 30 分，其中上下火 180℃烤 50 分钟，去掉锡纸、涂第一遍油烤 20 分钟，去掉锡纸、涂第二遍油再烤 20 分钟。

13. 刷第二遍油时，如果想更上色，可以在刷油同时刷一层酱油。也可以把香草黄油放在最上面。

14. 1 个半小时之后，用一根筷子插一下肉最厚的地方。如果没有血水出来说明就熟了。刚烤好不要马上切。静置十分钟，肉汁会更丰富。

15. 这种做法的烤鸡，外皮是脆的，肉却很多汁（图 12）。你咬下去的那一瞬间，能感觉肉汁呲出来。甘薯软软的，吸进了鸡肉和培根的香味。这就是圣诞的味道吧！

意大利红烩肉丸

2012 年，我独自在澳大利亚西部的珀斯。左边是印度洋，往右一千多公里，才能到澳洲真正的“大城市”，悉尼或是墨尔本。《教父》是我随身带去的电影之一。他开启了我全部的意大利想象。当西西里民歌缓缓响起，意大利穷苦人背井离乡来到美国，故乡的传统和新大陆的规则交织，“美籍意人”的生存史被三部曲一一记录。“孩子，学点东西，有一天你也许得为 20 个男人煮饭。”出发去餐馆行刺前，老教父的手下，挺着胖肚子的意大利老饕克里曼沙告诉年轻的麦克。一语成谶。在父亲、大哥接连被袭后，最小的麦克撑起了庞大的家族。这道红烩牛肉丸的菜谱，经过了我自己的改造。调牛肉丸时用中式口味，而汤汁则全盘意式。

材料

牛肉馅　鸡蛋　蒜　孜然粉　黑胡椒粉　生抽　老抽　蚝油
培根　西红柿酱汁　帕玛森干酪　豌豆

步骤

1. 选用瘦肉较多的 500 克牛肉馅，可以得到紧实、弹牙的口感。加入 1 个鸡蛋、3 粒蒜碎、1 小勺孜然粉、1 小勺黑胡椒、1 勺生抽、1 勺老抽、1 勺蚝油顺时针搅拌直到肉馅抱团。
2. 锅中放一点油，放入培根炸干捞出，炸出的培根油是这道菜的点睛之笔。用培根油入菜的做法，在意大利菜、西班牙菜中很常见。培根油中浓郁的烟熏味和肉香会渗透到其他食材中。
3. 将肉馅从手掌虎口处挤出，做出大小均等的牛肉丸（图 1）。
4. 烧热锅中的培根油，将肉丸放入锅中（图 2）。等到一面变色，将肉丸翻过来煎另一面（图 3）。
5. 等到肉丸煎得两面金黄，倒入西红柿酱汁（图 4）。如果没有提前熬制好的西红柿酱汁的话，可以用熟西红柿小丁加洋葱粒加糖来替代。
6. 把炸干的培根切成细小的培根末倒入锅中，让培根浓郁的烟熏味融化到汤汁里（图 5）。
7. 撒上一把豌豆，小火炖 20 分钟，直到汤汁浓缩到合适程度（图 6）。出锅前撒一把帕玛森干酪增加味觉层次，同时增加一点咸味。如果不使用奶酪的话要用一点盐替代。
8. 这道菜首先惊艳的是牛肉丸。顺时针上劲和鸡蛋的加入为牛丸带来弹牙的口感。肉馅里的孜然、黑胡椒、蒜香纷至沓来。表皮仍有焦脆的触感，一口咬下去，西红柿酱的酸甜和肉丸里丰润的肉汁形成美妙的对比与平衡。

1 2
3 4
5 6

印度洋的风，印度洋的梦

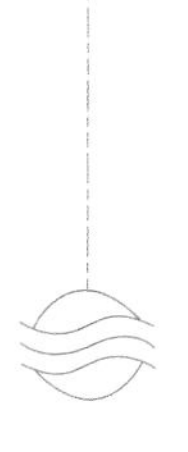

在珀斯的西海岸，眺望对岸的马达加斯加。

安静无风的印度洋东缘，倾晒着灼目金黄的光，耀在沙粒上，折射出近白的光影。

我常有好的睡意。在旅行地睡眠亦是我的一项不为外人理解的乐趣。我一个人坐上巴士，从珀斯城北的蒙特罗利校区一路向西，掠过一间间高低方正的民房，偶尔在路的尽头眺到蓝宝石般闪着冰凉光泽的海洋。

在被日光晒得发烫的沙床，枕着一只手臂，另一只手臂遮着眼。海浪汩汩的来，到耳边又破碎。漫长的海岸线，牵引着孩童的父母渐远。

在海边，我宣判了自己的放逐。

香甜清凉的梦。说不上是海风使我舒适，还是一层层海浪在安抚我的内心，我似乎寻到了，从海洋攀缘到陆地的远古先祖，对海洋的安全的依恋。

“呲！”我打开漉着冰珠的冷饮的拉环。

一头钻进海洋深处，直到浮力让我在离岸几米处重又浮起。远洋货轮停在我看得到的远处。像一叶纸做的白色模型，带着清晰干脆的轮廓和模糊的细节。海水在浮动，货轮却像北极星一样安稳。谁又能说，那不是海上的北极星呢？

海浪，像循环播放的片段。闭上眼，我沉进那印度洋蓝色的梦。

Ⅵ
下午茶时间
身未动，心已远

蜂蜜云朵蛋糕

这道蜂蜜云朵蛋糕和蜂蜜凹蛋糕食材相同，但用了更少的低粉，所以吃起来口感轻盈。制作的时候不用分别打发蛋白和蛋黄，即便是烘焙新人也能轻松上手。我计算过完整的准备时间，动作快些的话大概只需要五分钟。烤好出炉后撒上糖粉，用小勺像吃蛋羹一样挖一勺入口，蜂蜜的甜香与蛋香充盈口腔，那一刻，唇齿飘浮在云端。

材料　鸡蛋　蜂蜜　糖　低粉　糖粉

步骤

1. 将 4 个鸡蛋和 10 克糖混合后用打蛋器打松，直到微微膨起。
2. 往蛋液中筛入 30 克低粉和 1 勺，翻搅均匀。
3. 蛋糕模具中垫油纸，将蛋糕糊倒入模具。
4. 烤箱 170℃上下火中层烤 12 分钟。如果想要全熟，那就烤 15 分钟，如果想半熟流心，那烤的时间要少于 12 分钟。
5. 如果发现蛋糕上色过快加盖一层锡纸可以解决。
6. 出炉后稍微放凉，撒糖粉。

甘纳许巧克力蛋糕

巧克力对我总有很强的治愈力。不开心的时候吃巧克力会变开心，开心的时候吃巧克力会怎样？当然是更开心了！我永远无法拒绝一个带着巧克力脆皮的冰激凌蛋筒，或是流心的巧克力熔岩蛋糕，自然更无法拒绝淋了满满巧克力涂层的甘纳许巧克力蛋糕。甘纳许是法语（Ganache）的音译，意思是巧克力和淡奶油的混合物。因为淡奶油的加入，巧克力保持了液态的浓稠状，与戚风蛋糕底搭配，口感湿润又带着浓郁的巧克力风味。这种蛋糕也是我妈妈的最爱。

材料

制作戚风蛋糕：鸡蛋　低筋面粉　细砂糖　牛奶　色拉油
制作甘纳许巧克力：巧克力　淡奶油　杏仁片

步骤

1. 首先制作戚风蛋糕。分离蛋清和蛋黄，将5个蛋清用打蛋器打发到出现粗泡（图1）。
2. 蛋白中共加入50克糖，分3次加入。打发出现粗泡后加入第一次。
3. 继续打发，当出现细腻的泡沫时，再加入一次糖。继续打发，等到出现纹路，加入剩余的糖，继续打发直到干性发泡，即拿起打蛋器，蛋白能拉出一个短小直立的尖角（图2）。
4. 在5个蛋黄中加入30克糖，用打蛋器打到蛋黄颜色变浅，加入50毫升色拉油和50毫升牛奶（图3，图4）。
5. 往蛋黄糊中筛入90克低筋面粉，用刮刀搅至光滑细腻（图5）。
6. 将蛋白霜分3次加入蛋黄糊，用刮刀从底向上翻搅均匀（图6，图7）。
7. 翻搅蛋白霜的时候动作要轻，不要把蛋白霜中的空气搅散。将搅拌好的蛋糕糊倒进模具中，拿着模具在桌上震几下，把蛋糕糊中的气泡震出来（图8）。
8. 烤箱预热10分钟后放入蛋糕，170℃烤40分钟。
9. 蛋糕烤好后戴着隔热手套将模具在桌面震几下，然后倒扣在烤架上，等蛋糕冷却就可以脱模取出戚风蛋糕了（图9～11）。
10. 接下来制作甘纳许巧克力涂层。将100毫升淡奶油加热至出现小泡，倒入100克巧克力中，用勺子搅拌，使巧克力融化，搅拌顺滑后就得到甘纳许巧克力了（图12，图13）。
11. 将戚风蛋糕从中间横切开，涂巧克力酱（图14）。再在顶层浇甘纳许巧克力酱（图15）。
12. 杏仁片用平底锅烘香，撒在蛋糕面（图16）。甘纳许巧克力蛋糕就做好了。

1 2 3
4 5 6
7 8
9 10
11 12 13
14 15 16

水果丰盛的季节，除了直接享用外，把新鲜水果做成甜品挞也是不错的选择。而且经过料理，可以平衡掉水果不完美的一面，同时加强水果的风味。这道食谱中我用到了速冻的法式酥皮制成品。这种酥皮和用来制作苹果派或牛油蛋挞的酥底不同，更像牛角面包的质地，用来搭配烤透的油桃口感正好。

油桃　黄油　糖　盐　白兰地酒　法式酥皮

1. 油桃500克去核，切成角状，放入玻璃碗中（图1，图2）。
2. 往油桃上淋2勺白兰地酒，为水果增加一份酒香，撒一点点盐，可以让水果更快软化（图3）。
3. 平底锅中融化50克黄油，倒入30克糖和油桃，不时翻动，直到油桃变得黄润，并变软上色（图4）。
4. 将油桃顺时针铺在烤盘底部，盖上法式酥皮（图5，图6）。
5. 将烤盘放入烤箱220℃烤30分钟，直到酥皮的表层膨松变棕。

十分钟苹果派

材料

苹果　黄油　糖

肉桂　白兰地酒

白吐司面包　小山核桃

还记得我们做蛋挞时的酥底吗？这种黄油酥底不仅可以用来制作经典的牛油蛋挞，还可以用来制作咸的澳洲牛肉派，或者甜的苹果派。不过制作酥底总还是有点麻烦，而苹果派又是我最爱的甜品，所以这道准备过程只需要 10 分钟的偷懒版苹果派便应运而生了。馅料的炒制和正常版本相同，最耗费时间的派皮部分，我用压扁并涂了黄油的白吐司面包替代。

步骤

1. 苹果 2 个去皮切成丁（图 1）。
2. 锅中放入 50 克黄油，小火融化黄油，将苹果丁倒入锅中（图 2，图 3）。
3. 将 1 根肉桂加入锅中，肉桂的香气是苹果最好的搭档。
4. 倒入 2 勺白兰地酒，让酒气挥散掉（图 4）。
5. 小火将苹果炒至变软，倒入 3 勺糖调味，苹果派馅料就做好了（图 5）。
6. 烤盅内部涂满软化的黄油，将 1 片白吐司面包压扁后撕成条状，贴在烤盅内部并压实（图 6，图 7）。
7. 将苹果馅料放入烤盅压实，放入烤箱 220℃烤 20 分钟即可（图 8）。
8. 拿出烤盅，小心烫！将烤盅倒置在盘中央。因为四壁涂了黄油，所以吐司面包吸饱了黄油已经变成油脆的外壳。也可以用小山核桃点缀口感。吃的时候用勺子挖开吃就好了。

1 2 3 4
5 6 7 8

这杯荔枝冰是我在纽约那家叫做“好味”的马来西亚餐厅喝到的。满满一大杯，十足的荔枝味，尤其适合夏天。小时候喝过一种荔枝味汽水，后来发现配料里并没有用到荔枝。恰好赶上新鲜荔枝上市的季节，一骑红尘妃子笑，无人知是荔枝来，就用新鲜荔枝肉做一杯好味的荔枝冰吧。

新鲜荔枝　荔枝罐头　冰　纯净水　薄荷

步骤

1. 将新鲜荔枝剥皮去核，将果肉压碎，倒入放满冰块的杯中（图 1，图 2）。
2. 为了更浓郁的荔枝味，新鲜荔枝和罐头荔枝按 1∶1 的比例使用。将荔枝罐头果肉也压碎放入杯中，同时倒入半杯荔枝罐头中的糖水（图 3）。
3. 倒满纯净水，加一支薄荷（图 4）。

冻柠茶

烧腊饭配冻柠茶，我想不出我更怀念的香港味道。一同读书的朋友再聚首，别的不说，冻柠茶一定要有。冻柠茶的精髓是一定要“涩得起”。“涩”是茶汤的苦涩。不同于金骏眉、祁门红茶、滇红等性格较温和的红茶，锡兰红茶打一冲泡好就带着令人咂舌的涩度。我直饮不惯，但配上柠檬和蜜糖，各种味道以最激烈的方式碰撞，竟结出四平八稳的果，每啜一口，都仿佛又坐回老式风扇摇曳、墙上花砖泛着旧时光的香港油尖旺茶餐厅。

锡兰红茶　柠檬　蜂蜜　冰块　热水

步骤

1. 准备带滤网的保温杯和敞口水壶，按照一人两勺茶叶的量（图1）。如果是做两人份，就放四勺锡兰红茶。
2. 热水倒入保温杯中，静置30秒后倒进敞口水壶（图2）。继续往保温杯中加热水，静置30秒后倒进敞口水壶，重复3次。
3. 把茶壶里的茶汤再倒入保温杯中（图3）。来回“拉茶”3～4次。这样做有几个目的，一是使茶味更醇，二是使茶汤更均匀，三是能给茶汤降温。这样处理后，茶底就做好了。
4. 刚做好的茶汤，千万不能放到冰箱里！热茶放入冰箱，茶汤会变浑。将茶底放在一边静置，自然冷却后放入冰箱冷藏。
5. 玻璃杯中放满冰块，浇上两勺蜂蜜（图4）。
6. 想做出“涩得起”的好喝冻柠茶，用对柠檬很重要：一是柠檬使用前用手在案板碾滚一下，有利于汁水析出、柠皮出香；二是每片4毫米左右的厚度，切成均匀薄片（图5）；三是每杯柠茶放3～4片柠檬，放得少味道不够劲。
7. 将茶底倒入玻璃杯（图6），喝的时候戳戳柠檬，柠檬的清香、酸涩完美地和红茶、蜂蜜融为一体。这是让人魂牵梦绕的香港滋味啊！

1 | 2 | 3

4 | 5 | 6

麦片冰激凌

我最喜欢的冰激凌吃法，是挖上几大勺到碗里，之后加丰富的料。酥脆的麦片一定要有，还得有大颗的熟花生或杏仁。香蕉片和香草味冰激凌是绝妙的搭配，而且薄厚一定要恰到好处。等到冰激凌稍微有那么一点融化，正是最好的品尝时机。

材料　熟烤麦片　香蕉　芒果　香草味冰激凌

步骤

1. 香蕉和芒果切成薄片。
2. 熟烤燕麦中加入坚果用平底锅烘香。
3. 将水果和麦片倒在香草冰激凌上，等到冰激凌有一点化的时候吃最美味。

椰芒黑糯米饭

中国香港的深夜甜品档，一定有黑糯米饭团的身影。或是和椰浆搭配，或是以奶味做底。虽然我也搞不懂，饭后甜品为什么要再来一团结实、顶饿的糯米饭团，但当你用小勺攻城略地般挖下一块黑糯米，浸一下香浓的椰浆，再勾带上一点酸甜的芒果肉送入口中。“唔该！再多一份！”

材料　椰浆　熟芒果　黑米　糯米　糖

1. 糯米和黑米用水冲洗干净后浸泡 1 小时。
2. 将糯米、黑米放入电饭锅，加入清水，没过米粒 3 厘米，运行正常煮饭的程序。
3. 黑糯米饭做好后放入 3 勺白糖搅拌均匀。
4. 椰浆不同于椰汁或椰奶，椰子味浓郁，但不含糖，所以要额外加一些糖。椰浆 40 毫升摇匀，倒在盘子上，用勺背轻轻像四周推开铺匀，撒白砂糖。
5. 1 个芒果的芒果肉压成泥，放在椰浆中央。
6. 在勺子上蘸一些水，用两个勺子可以轻松团出黑糯米饭团，放在芒果肉中央。
7. 制作黑糯米饭团可以只使用黑糯米，但我更喜欢黑米和糯米的组合。黑米独特的香味给饭团增色不少。

孤客漫步香港录

孤客漫步香港录

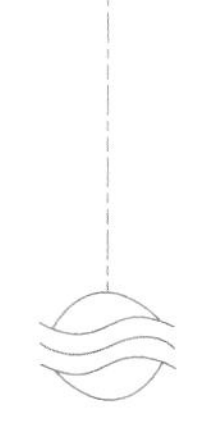

一个人自由的时候可以有多久？

我并不是指可以肆无忌惮的吃油炸薯片而不担心体重，也不是指把午饭当早饭、把晚饭当下午茶的错乱时序。

我是指，在并非无所事事的情境下（事实证明无所事事只会让人更不知所措），你的灵魂，你的精神，或者产生这一切想法与概念的大脑，会觉得自己“自由”。

“自由感”是一种神奇的感觉。它掺杂着自信，积极，也许有那么一点桀骜不驯，还有那么一些个骄傲自满。不过后两者常常是需要隐藏在心底。我们纵许你在心中做天马行空的想象，但若外放而影响到他人，则未免有失道德。

按照中国人均寿命来说，我们存活于这个世界上不过 900 个月上下。而最好的时光，我猜想大概不超过 120 个月。

虽然我也无法预知四十岁的时候我会不会仍像现在一样快乐，但我常不免悲观地想到，我的肌体总是要一天天老去，老男人要得的病估计一样不差地会落在我身上。

我总要直面后背日益佝偻的现实，也要坦然面对像湖水一般扩散开来的满脸褶皱。我不知道我用不用戴老花镜，因为我现在戴的是近视镜。我也常担心会不会遭遇既近视、又远视的宿命，后来想想，大概也不太可能。

我是一个喜欢散步的人。从我家出发，沿着樟大路走十五分钟，经过一座桥，就能走到海边的吐露港。刚来时房东告诉我，你沿着这条路，走到那片豪宅，豪宅底下就有一个超市。有朋友来家里的院子做客，我也常指示给他们看，“喏，沿着这条路，一直走下去，就会到一片豪宅，豪宅要一二十万港币一平。豪宅外面就是我们在学校山顶能看到的那片海了。”

吐露港若有人格，一定对我鄙夷地撇嘴。我竟用豪宅作坐标，去标位一片与世无争的纯净海岸。

吐露港的对面是八仙岭，八仙岭上有李嘉诚捐资兴造的全球第二高观世音菩萨像。

在新亚书院的“天人合一”亭眺向远方，山海朦胧中，能见洁白观音巨像一尊，飘渺迷幻。我想若是虔诚信徒，恰逢雨后初晴，阳光普照，彩虹横空，一定信作观音显灵。

昨日逛苏富比春拍预展。一下午几乎把一年没看的展补回来。艺术资源对于香港来说矛盾激烈。公立博物馆乏善可陈，但被打上价签的古物却芳流婉转，划着旋转舞步，在香港某间豪华的会展大厅惊魅亮相，旋即被金钱裹藏。

兴尽晚归舟。在湾仔码头上船，花 3.4 港币，乘天星小轮渡维多利亚港，到尖沙咀下船。恐怕是香港最低廉的奢侈。

最近几日学校热闹。白先勇教授的《昆曲之美》课程行将结束，以两场苏州昆剧院的折子戏收场。第一次看青春版《牡丹亭》我还在上高中。到现在快十年，看到沈丰英、俞玖林二位同台，还是有穿越时间的感动。

林青霞也在。林姐姐这半年在中大做了好几次“最高调的观众”。蒋勋来讲，白先勇来讲，只消在台上轻轻说一句“谢谢林青霞小姐来到现场”，这场活动便以大家对林姐姐的惊呼与讨论结束。我脑海里倒一直是林姐姐在《重庆森林》里的国语发音。

我拿着《台北人》找到白先生。

八十岁的人总是有一种超常的豁然。如果说年轻人常感到困惑与苦闷是因为前路茫然未知，那么耄耋老人的畅快应该就是历经世事后觉得，余生的每一天都值得被珍惜吧。

这时再反过来看自己，常觉得警醒。

焦虑感是生物本能，是对未知变数的恐惧。

我们每个人都觉得自己是亘古宇宙来之唯一。但每个人都不可避免地重复了前世某人的命运。

所以专心做自己喜欢做的事，别被浮躁的外部带乱了节奏，喝爱喝的酒，吃爱吃的菜，读爱读的书，余下总共几百个月罢了。

在香港的日子，余下已不多。昨晚在尖沙咀码头下船，便是海港城。人如潮水泳浪在岸上，倒是维港的海水做了画布。我想能描摹下这幅霓虹灯转、浮光掠影的画家一定是最好的印象派。我忽又想起在北京的国家博物馆有一柄唐代的浇壶。乍蓝泛青透着些许白影。

光影萌动，和莫奈一样啊。

125
MICHAEL KORS
125

LUKFOOK JEWELLERY
Nikon
BROADWAY
LUSH
SX
3053

旺角
Mong Kok

干酪奶盖滇红茶

奶盖茶

奶盖茶是杯底茶饮和浮在茶上的奶泡的组合。喝的时候杯子倾斜 45°，一大口能同时喝到微苦的茶底和奶香浓郁的奶盖，喝完之后还会留下“奶盖白胡子”。奶盖茶的原理很简单，打发奶油，做成奶盖，加在茶饮上就是了。以滇红、乌龙、龙井做茶底，在家做一杯一杯香醇、天然的奶盖茶吧。

材料

淡奶油　牛奶　糖　滇红茶　乌龙茶
龙井茶　抹茶粉　帕玛森干酪粉

步骤

1. 淡奶油 250 毫升提前一天放到冰箱冷藏，等到中心温度 8℃左右时可以进行打发。温度过高的淡奶油很难打发。
2. 用打蛋器打发奶油，打发奶油至有纹理后，再加入 100 毫升牛奶和 10 克糖。奶盖之所以能浮在茶上，是因为打发后的奶油里面有空气。如果打发不充分，奶油倒在茶上会瞬间和茶溶合。奶盖做好后放在冰箱冷藏。
3. 制作干酪奶盖滇红茶，将滇红茶提前一夜冷泡，茶底温度低，奶盖溶化的就慢，倒在杯子里八分满，倒进奶盖，撒帕玛森干酪粉即可。
4. 制作抹茶奶盖龙井茶，将 1 勺抹茶粉混进 3 勺奶盖中，搅拌顺滑。龙井茶泡好后放凉，将抹茶奶盖浇到龙井茶上。
5. 制作西柚奶盖乌龙茶，将 4 片切薄片的西柚放入杯中，倒入放凉的台湾乌龙茶。浇上奶盖，点缀一点西柚果肉即可。

抹茶奶盖龙井茶

西柚奶盖乌龙茶

越南滴漏咖啡壶　玻璃杯

现磨咖啡粉　炼乳　热水

东南亚的食物常带着一种廉价却又饱满的生命力。花不多的钱坐下，看店家用再直白不过的材料拼配出让人瞳孔放大的美味。柬埔寨暹粒老市场旁的小路，藏着只有当地人光顾的夜宵摊。和他们一起坐下，英语不再是通用语，点菜只需要一根手指。即使是到了晚上，热带季风气候下的暹粒也孕育着躁动。0.5 美元一碗的冰凉甜品，加了有嚼劲的仙草冻与蜜红豆。端给顾客前，店家小妹拿起铁皮罐装、封口处被刀切了一个孔的炼乳，身手敏捷地向碗中注入三四下炼乳。不只是用在甜品里，炼乳代替牛奶和奶油冲泡出的咖啡，简单直接，带着浓郁的热带东南亚风情。这里使用的滴漏咖啡壶是越南当地特有的，不使用热水的话，将冰块放进壶中，让冰水一点点浸润咖啡粉，就能得到一杯冷萃咖啡了。

步骤

1. 取出滴漏咖啡壶中的隔层，放上滤纸，将磨好的咖啡粉均匀铺在滤纸上，放回隔层并压实。
2. 在玻璃杯中放 2 勺炼乳，将滴漏咖啡壶放在玻璃杯上。
3. 往滴漏咖啡壶中倒入一点热水，让咖啡粉吸干，接着再倒满热水。
4. 滴漏咖啡壶滴落的速度比较慢。看着咖啡一点点落在炼乳上，形成漂亮的黑白分层。
5. 喝的时候用小勺搅匀即可享用。

黄瓜薄荷水

黄瓜　薄荷　冰块　纯净水

1. 黄瓜刮去表皮，用削皮器削成薄片。
2. 薄荷叶用手掌拍一下，可以激发更多味道。
3. 将黄瓜片和薄荷叶放入瓶中，加入冰块，注入纯净水摇匀即可。

黄瓜薄荷水制作方法

牛油酥底蛋挞

蛋挞分为两种，一种是最常见的“葡式蛋挞”，挞底是层层酥皮。伴随着商品化推广，“葡式蛋挞”成为很多人心目中“蛋挞”的代名词。另一种是相对少见的“牛油酥底蛋挞”，挞底厚实、吃起来如饼干般松香，香港只有些老派的糕饼店还会制作。这几年烘焙食材普及，半成品的蛋挞酥皮和蛋挞液可以轻松买到，把二者组装到一起，放入烤箱，人人都能做蛋挞。简便是简便了，可总是太过标准化，也因此少了那种手工制作的趣味。

我第一次吃到牛油酥底蛋挞是在香港大埔墟街市对面的皇爵面包店。每到大埔街市采购食材，被口腹之欲驱使，我常先溜到店里看看有没有新鲜出炉的糕点。戴着厚厚实实隔热手套的老板，高声呼喊着让大家躲开，端着满满一大盘刚烤好的牛油酥底蛋挞从后厨飘忽而来。店里的客人迅速列队，都想趁早把这刚出炉、冒着犯规般香气的蛋挞送入口中。老板夹蛋挞的动作也有风采，壁厚扎实的蛋挞模具被用力摔到铁质托盘上，酥底立刻与模具分离。用手拿起蛋挞，放到嘴边咬一口，还冒着热气。嘴唇先是触碰到嫩滑的蛋挞芯，接着就吃到牛油香气浓郁的酥底在嘴里融化。这是与酥皮蛋挞多么不同的体验！相信你吃过一次之后也会爱上。

烤制的时候，一定要烤出焦糖色的表皮才好吃。菜谱中酥底的制作方法，还可以用在牛肉咸派、苹果派和水果挞的制作中。

材料

制作酥底：低筋面粉　盐　水　无盐黄油

制作蛋液：面粉　牛奶　奶油　白砂糖　水　蛋黄

1. 将300克低筋面粉与1/4小勺盐混合，225克无盐黄油在室温下放软，用手将黄油与面粉搓匀，直到面粉与黄油融合成微黄色，形成沙粒状的面粉颗粒（图1，图2）。
2. 用手抓捏黄油面团，分3次加入100毫升水（图3）。随着水的加入，黄油面团越来越成型（图4）。将抱团后的黄油面团包上保鲜膜放入冰箱冷藏20分钟，有利于面团松弛。
3. 将6个蛋黄打散，加入50毫升奶油、250毫升牛奶、250克白砂糖、40克面粉和150毫升水，搅拌成质地均匀的蛋液（图5~8）。
4. 从冰箱取出黄油面团。团成大小相近的面团，将面团放进蛋挞模具中，按压面团，使其覆盖住模具，注意要让面团的边缘稍微超过模具，因为烘烤后面团会回缩（图9）。
5. 将模具放入烤箱，200℃烘烤10分钟，使酥底定型。
6. 从烤箱中取出模具，热气稍散之后倒入调好的蛋液（图10），再次放入烤箱中，250℃烘烤15分钟，或者直到蛋液表面凝固并变得焦黄。

雪莉苹果酒

雪莉酒以西班牙出产的为最好，虽然是由葡萄酿成，但若让中国人喝上一口，一定会误以为是陈年料酒。雪莉酒的度数较一般葡萄酒要高，喝起来有清洌的果味，和苹果汁搭配起来调酒，仿若满杯的西班牙阳光。

材料　雪莉酒　苹果汁　香蜂草

步骤

1. 玻璃杯中放一半冰块。
2. 雪莉酒和苹果汁按 1∶1 的比例倒入杯中混合均匀。
3. 1 枝香蜂草洗净后用手拍散，放入杯中。
4. 香蜂草有柠檬香味，如果不方便找到，也可以用薄荷替代。

巧克力奶酪松饼

制作松饼的秘诀是，干性材料和湿性材料保持 1∶1 的比例（鸡蛋也算作是湿性材料）。调好的面糊可以放在冰箱冷藏，用的时候重新搅匀，拿出来就能煎。

低筋面粉　糖　泡打粉　巧克力粉

牛奶　鸡蛋　奶酪粒　西瓜丁　奶油

1. 将 100 克低筋面粉、30 克糖、5 克泡打粉、30 克巧克力粉等干性材料混合均匀。
2. 将 110 毫升牛奶和 1 个鸡蛋混合均匀。
3. 将干式材料分 3 次加入蛋奶液，用刮板从盆底部向上翻面糊，不要过度搅拌，以免面粉起筋。
4. 将巧克力蛋奶糊倒入硅胶模具，在中央放奶酪粒，将模具放入烤箱 200℃烤 20 分钟，或直到松饼表面鼓起上色。如果是用平底锅煎，用大圆勺舀起蛋奶糊倒入锅中一个点，蛋奶糊会自动散成圆饼状。每一面煎 1 分钟左右。
5. 摆盘，切一些西瓜丁撒在松饼上，淋奶油。

后　记

家是一切美味的起点

2016年6月份的时候，央视《回家吃饭》栏目组的编导联系到我，问我是否愿意参与节目的录制。那时我还在美国大姨家中小住。因为《回家吃饭》是我妈最喜欢的美食节目，有机会参与录制，自然是很荣幸的事。于是临时改变了行程，提前回到北京。

在美国的几个月，每天接触的、烹饪的几乎都是西餐。我和编导讨论，提出了一个又一个备选的菜品方案，但都不甚满意。绞尽脑汁之时，我忽然想到，在我家传了几十年的那道传家菜怎么样？

把菜品形态、制作流程简单和编导说过，编导眼中也放着光。那就做这道芙蓉蛋盅吧！

东北的家庭大多仍和山海关内保持着同一张族谱的血脉联系。我的老家桦甸，唐朝时是渤海营州道的长岭府，宋元时是女真人的故地，清军入关后，这片人烟寂寥的土地被唤作”龙兴之地“，是祭神的圣地，被划为封禁

芙蓉蛋盅

区，严禁百姓采樵游牧。直到晚清，清廷边疆危机日甚，又加上传统人口密集区山东、河北爆发粮食危机，清政府不得不开放边禁，东北真正的发展才刚刚开始。

在这片年轻而富饶的土地上，我们是移民，我们是游子。

这道芙蓉蛋盅，是我们家每到过年都会做的菜。把鸡蛋煮好，用竹扦在蛋中央划锯齿形状的花纹，将一颗鸡蛋分成上下两半。蛋黄取出后，得到两盏玲珑剔透的蛋盅。调好的肉馅放进蛋盅，上锅蒸熟。过年时的宴席菜，大多先做成半成品，临上桌再补足最后一个步骤，从而达到节省时间又能保持菜品新鲜的目的。蒸好的蛋盅放在一边备用，等到开席之前，才炒好晶莹剔透的芡汁，淋在蛋盅上。吃的时候一口一个，因为有蛋清的包裹，肉馅显得嫩滑多汁。

小时不懂什么是鲁菜，只觉得蛋盅形状奇特，因此印象深刻。十九岁后离家，每年和故乡的相见时间被不断压缩，才在异乡念起小时吃过的芙蓉蛋盅。

我在节目里说，这是我爸会且只会做的一道菜。并没有太多夸大的成分。我记得小时我爸炒土豆片，油没烧热就放了食材，所以最后炒出的菜一股生油味道。但山楂上市的季节，他会坐在小板凳上，用小刀将一颗山楂分成两半，用刀尖剜去山楂核。之后用家里最大的锅，将山楂肉和冰糖煮在一起，做冰凉解渴的山楂罐头。

外甥淘宝和乐宝

后来，我们都长大了。大我七个月的表姐有了自己的两个宝宝，淘宝和乐宝。淘宝小的时候回东北老家，我给他做了一个千层蛋糕，从此在外甥们的口中，我就成了“蛋糕舅舅”。隔着手机屏幕和他们视频，两个小不点叽叽喳喳的喊我“蛋糕舅舅”，让我给他们做蛋糕。血脉的纽带因由着食物而相连，虽然我和姐姐各奔东西，但细细的红线牵引着，聚结到家的方向。

吉林或北京，美国或澳大利亚，香港或是现在的杭州。漂漂泊泊的人总有一天会停下，就像种子落到地面就会发芽。走过的城市融进记忆，不同价值导向和生活习惯在我的身上凿下点点印记。城市品格或饮食习惯，潜移默化融为我的一部分，而我带着这些城市给我的馈赠，在新的城市落地生根，建立属于我的新的家。

家是一切美味的起点。

也是一切美味的终点。

作者参与录制央视《回家吃饭》节目

小 辛 的 旅 行 厨 房